ERSTE ANLEITUNG

ZUR

QUALITATIVEN CHEMISCHEN ANALYSE.

FÜR STUDIERENDE DER CHEMIE, PHARMAZIE UND MEDIZIN.

VON

DR. REINHART BLOCHMANN,

A. O. PROFESSOR DER CHEMIE AN DER UNIVERSITÄT KÖNIGSBERG I. PR.

MIT DREI TABELLEN.

DRITTE, VERBESSERTE UND VERMEHRTE AUFLAGE.

LEIPZIG,
VERLAG VON VEIT & COMP.
1917

Druck von Metzger & Wittig in Leipzig.

Vorrede.

In der dritten Auflage ist im allgemeinen dieselbe Anordnung des Stoffs beibehalten worden, wie in den früheren Auflagen. Die wichtigsten Reaktionen der Kationen und Anionen sind in einzelnen Abschnitten aufgeführt. Den Vorprüfungen ist ein breiter Raum belassen. Drei Tabellen umfassen die Vorprüfungen, die Aufsuchung der Kationen und der Anionen in möglichst knapper Zusammenstellung, weitere Erläuterungen enthält der Text. Die Reagenzien sind in einem Anhange behandelt.

In der Einleitung hat die Ionenlehre, soweit sie der analytischen Chemie als Grundlage dient, Berücksichtigung gefunden.

Das Buch sollte eine erste Anleitung bleiben und ist daher auf die wichtigsten Elemente beschränkt geblieben.

Die Einführung in das praktische Arbeiten der qualitativen Analyse erfolgt auf verschiedenen Wegen. Die Einen stellen den Anfänger sofort vor die Aufgabe, die Bestandteile einer unbekannten Substanz zu ermitteln, die andern lassen Übungen vorausgehen, welche zunächst das Kennenlernen der wichtigsten Reaktionen bekannter Stoffe vermitteln sollen. Dieser Weg, der vom Bekannten zum Unbekannten führt, erscheint als der nächstliegende und zugleich an der induktiven Grundlage der Naturwissenschaften festzuhalten. Aber, was dem Anfänger bekannt, ist begrenzt. Es wird ihm nicht zweifelhaft sein, Kupfer oder Quecksilber als solches in den Händen zu haben, in den meisten Fällen wird er es jedoch glauben müssen, wenn ihm gesagt wird, daß die Substanz, die zum Anstellen der Versuche vorliegt, Natrium, Kalium oder andere in Frage kommende Elemente enthält.

Der andere Weg führt sogleich nach einem bestimmten Analysengang zur selbsttätigen Auffindung unbekannter Stoffe. Ob die Aufgabe richtig gelöst wurde, ist zu prüfen und festzustellen durch die nunmehr folgende Ausführung der wichtigsten Reaktionen der gefundenen Stoffe. Analyse und eingehendes Studium der Reaktionen wechseln miteinander ab, was nach meinen Erfahrungen anregender wirkt, wie in ununterbrochener Folge angestellte Reaktionen mit bekannten Stoffen. Naturgemäß ist die Aufgabe im Anfange möglichst einfach zu gestalten. Es ist daher mit Lösungen zu beginnen, die nur Kationen einer Art enthalten und die Aufgabe auf die Ermittlung der Kationen zu beschränken. Die Vorprüfung ist in diesem Falle leicht auszuführen (S. 18). Das erste Einarbeiten konzentriert sich auf e i n e Tabelle, nach deren Beherrschung der

Übergang zur Aufsuchung der Anionen erfolgt. Hierzu dienen in der Regel zunächst einfache feste Salze, deren zu ermittelnde Metalle schnell auffindbar sind, um das neue Arbeitsfeld, die Aufsuchung der Anionen, bald erreichen zu können. Zugleich tritt die Erweiterung der Vorprüfung ein.

Die vorliegende Anleitung trägt beiden Richtungen Rechnung, sie wird in wirksamer Weise ihren Zweck nur erreichen können, wenn sie von einer persönlichen Anleitung begleitet ist. Nichts kann den Anfänger mehr fördern, wie eine sorgsame Überwachung seiner Arbeit. Das praktische Arbeiten im Laboratorium erfordert eine Reihe von Handgriffen, die nur durch den Augenschein erlernt werden können. Auf mancherlei Vorsichtsmaßregeln ist aufmerksam zu machen. In diesem Sinne, um eine persönliche Unterweisung anzustreben, wurden z. B. über den Marshschen Apparat nähere Angaben nicht gemacht. Andrerseits war der Verfasser bemüht, durch eingehende Beschreibung mancherlei Manipulationen und Kunstgriffe Überliefertes weiter zu überliefern.

Königsberg i. Pr., im Oktober 1916.

R. Blochmann.

Inhalt.

Einleitung.

Gang der qualitativen Analyse.

I. Vorprüfung.

II. Auflösung und Aufschließung fester Körper.

III. Aufsuchung der Kationen (Metallionen).

Seite

Ausführung der Analyse.

Seite

IV. Aufsuchung der Anionen (Säureionen).

Anhang.

Einleitung.

Zur Ermittelung der Bestandteile eines unbekannten Körpers stellen wir mit Hilfe von Reagenzien, deren Zusammensetzung bekannt ist, Fragen. Wollen wir z. B. erfahren, ob eine Lösung Silber enthält, so prüfen wir mit Salzsäure oder mit einem löslichen Chlorid. Bei Abwesenheit von Silber bleibt die Lösung klar; ist Silber vorhanden, liegt z. B. eine Lösung von Silbernitrat vor, dann entsteht ein Niederschlag.

Diesen Vorgang veranschaulicht die Formel:

$$Ag(NO_3) + HCl = \mathbf{AgCl} + H(NO_3).$$

Ag vereinigt sich mit Cl zu unlöslichem $AgCl$, das sich als fester Körper abscheidet.

Auf der linken Seite der Formel sehen wir Ag mit dem Salpetersäurerest (NO_3) vereinigt und Cl mit H verbunden. Es muß somit vor der Reaktion eine Spaltung der aufeinander wirkenden Verbindungen in dem Sinne:

$$Ag \,|\, NO_3 \quad \text{und} \quad H \,|\, Cl$$

eingetreten sein, worauf die Umsetzung der Spaltungsprodukte erfolgte.

Diese selbstverständliche Voraussetzung hat man lange Zeit nicht weiter beachten zu sollen geglaubt, heute bildet sie die Grundlage der herrschenden Theorie.

Körper, welche die Eigenschaft haben, in wäßriger Lösung den elektrischen Strom zu leiten, werden Elektrolyte genannt. Säuren, Basen, Salze besitzen diese

Eigenschaft. In der qualitativen Analyse begegnen uns fast ausschließlich Elektrolyte.

Kochsalz (andere Elektrolyte verhalten sich ebenso) vermag im festen Zustande den elektrischen Strom in nennenswerter Menge nicht zu leiten, auch reines Wasser setzt dem elektrischen Strom einen fast unüberwindlichen Widerstand entgegen. Die Lösung von Kochsalz in Wasser hingegen leitet den elektrischen Strom. Die Leitfähigkeit ist also durch den Lösungszustand bedingt.

Wenn ein elektrischer Strom durch die Lösung eines Elektrolyten geht, finden chemische Vorgänge nur da statt, wo der Strom in die Lösung eintritt oder sie verläßt, d. h. an den Elektroden. Diese Beobachtung führte schon M. Faraday (1832) zu der Annahme einer Spaltung des Elektrolyten in elektrisch geladene Teilstücke, die innerhalb der Lösung die Elektrizität tragen und weiterführen bis zu den Elektroden, wo sie ihre Ladung abgeben und sich in molekularem (nun in elektrisch neutralem) Zustande ausscheidend oder sich umsetzend den chemischen Vorgang vor Augen führen. Er nannte diese Teilstücke des Elektrolyten, die bei geschlossenem Stromkreis dauernd zu den Elektroden wandern, *Ionen*[1] und unterschied die zur Kathode wandernden Träger der positiven Elektrizität als Kationen von den Anionen, die mit negativer Elektrizität beladen zur Anode sich bewegen.

Die Anschauungen Faradays wurden von Svante Arrhenius (1887) erweitert und zur

Theorie der Lösungen

(Dissoziationstheorie)

ausgebaut, die uns zur Erklärung chemischer Vorgänge unentbehrlich geworden ist. Nach dieser Theorie er-

[1] Von: iōn (griechisch) = wandernd.

leidet jeder Elektrolyt, wenn er in Wasser gelöst wird, also beim Lösungsvorgang, einen Zerfall in Ionen.

Dieser Zerfall (elektrolytische Dissoziation[1]) ist nicht quantitativ, sondern größer oder geringer, je nach der Natur der Substanz, der Konzentration der Lösung, der Temperatur usw. Eine Lösung von Kochsalz in Wasser z. B. enthält neben Natriumionen und Chlorionen zugleich auch nicht disioziierte Chlornatriummolekel.

Unter den jeweiligen Verhältnissen stellt sich ein Gleichgewichtszustand ein.

$$[NaCl] \rightleftarrows [\overset{+}{Na} + \overset{-}{Cl}]$$

Ändern sich die Verhältnisse z. B. durch Verdünnen der Lösung mit Wasser, also durch Verringerung der Konzentration, so wird hierdurch zugleich auch eine Änderung des Dissoziationsgrades bedingt.

Der Dissoziationsgrad, d. i. das Verhältnis, in welchem die Menge der Ionen zu dem nicht dissoziierten Anteil der Elektrolyten stehen, hat somit für jede Konzentration einen bestimmten konstanten Wert. Der Dissoziationsgrad ist um so größer, je verdünnter die Lösung ist. Bei verschiedenen Elektrolyten ist der Dissoziationsgrad verschieden. Experimentell stützt sich die Dissoziationstheorie vornehmlich auf die elektrische Leitfähigkeit der Lösung, die meßbar ist.

Faraday schrieb die Spaltung in Ionen der Wirkung des elektrischen Stromes zu. Nach der Dissoziationstheorie findet der elektrische Strom Ionen bereits in der Lösung vor, es bleibt ihm die Fortführung der Ionen zu den Elektroden, wo die Ionen, indem sie in den molekularen Zustand übergehen oder mannigfachen chemischen Reaktionen unterliegen, sich ausscheiden. Die Menge der Ionen in der Lösung wird geringer, und damit auch die Leitfähigkeit.

Die Reaktionen der analytischen Chemie sind Reaktionen der

[1] Von: dissociare (lateinisch) = aneinandergehen.

Ionen.

Kationen und Anionen treten stets gleichzeitig auf und sind Träger entgegengesetzter Elektrizität. Die Kationen werden mit $^+$ oder mit $^{\cdot}$, die Anionen mit $^-$ oder mit $'$ bezeichnet. Die Zeichen drücken zugleich eine bestimmte Menge der elektrischen Ladung aus, bezeichnen somit einen bestimmten Wert. Ionen, deren elektrische Ladung das Doppelte, Dreifache usw. beträgt, werden als zweiwertig, dreiwertig usw. durch entsprechende Vermehrung des Zeichens kenntlich gemacht.

Da sich Kationen und Anionen beim Lösungsvorgang stets in äquivalenten Mengen bilden, ist der Gesamtcharakter der Lösungen elektrisch neutral.

Kationen, welche bei der Dissoziation von Basen (zugleich mit *OH*-Ionen) auftreten, bestehen aus Metallen, sie werden daher auch Metallionen genannt, z. B. $K^{\cdot}$, $Cu^{\cdot\cdot}$, $Al^{\cdot\cdot\cdot}$, $Sn^{\cdot\cdot\cdot\cdot}$. Den Alkalimetallen sehr ähnlich ist das Ammoniumion: $NH_4^{\cdot}$.

Anionen bilden sich aus Säuren (neben *H*-Ionen) und werden daher auch Säureionen genannt, sie bestehen entweder aus Nichtmetallen z. B.: Cl', S'' oder aus einem Nichtmetall *und* Sauerstoff, z. B.: NO_3', SO_4'' Nur sehr wenige Anionen enthalten Metalle in höheren Wertigkeitsstufen *mit* Sauerstoff z. B.: MnO_4'. Die den Halogensäuren sehr ähnliche Cyanwasserstoffsäure enthält das Cyanion CN'.

Die wichtigsten Ionen, auf welche die vorliegende Anleitung beschränkt ist, sind:

A. Kationen (Metallionen):

einwertige: Wasserstoff-$H^{\cdot}$ (in den Säuren), Kalium-$K^{\cdot}$, Natrium-$Na^{\cdot}$, Ammonium-$NH_4^{\cdot}$, Silber-$Ag^{\cdot}$, Cupro-$Cu^{\cdot}$ und Merkuroion $Hg^{\cdot}$;

zweiwertige: Magnesium-$Mg^{\cdot\cdot}$, Calcium-$Ca^{\cdot\cdot}$, Strontium-$Sr^{\cdot\cdot}$, Barium-$Ba^{\cdot\cdot}$, Ferro-$Fe^{\cdot\cdot}$, Kobalt-$Co^{\cdot\cdot}$, Nickel-$Ni^{\cdot\cdot}$,

Zink-$Zn^{\cdot\cdot}$, Cadmium-$Cd^{\cdot\cdot}$, Blei-$Pb^{\cdot\cdot}$ und Stannoion $Sn^{\cdot\cdot}$;

dreiwertige: Aluminium-$Al^{\cdot\cdot\cdot}$, Ferri-$Fe^{\cdot\cdot\cdot}$, Wismut-$Bi^{\cdot\cdot\cdot}$, Antimon-$Sb^{\cdot\cdot\cdot}$ und Arsenion $As^{\cdot\cdot\cdot}$;

vierwertig: Stanniion $Sn^{\cdot\cdot\cdot\cdot}$.

B. Anionen (Säureionen):

einwertige: Hydroxyl-OH' (in den Basen), Fluorid-F', Chlorid-Cl', Bromid-Br', Jodid-J', Cyanid-CN', Nitrat-NO_3', Nitrit-NO_2, Chlorat-ClO_3', Permanganat-MnO_4', und Acetation $C_2H_3O_2'$;

zweiwertige: Sulfid-S'', Sulfat-SO_4'', Thiosulfat-S_2O_3'', Sulfit-SO_3'', Chromat-CrO_4'', Bichromat-Cr_2O_7'', Manganat-MnO_4'', Borat-B_4O_7'', Silikat-SiO_3'', Carbonat-CO_3'', Oxalat-C_2O_4'' und Tartration $C_4H_4O_6''$;

dreiwertige: Phosphat-PO_4''', Arseniat-AsO_4''' und Arsenition AsO_3'''.

Die physikalischen und chemischen Eigenschaften der Ionen sind ganz andere, wie die der entsprechenden Elemente im molekularen Zustande. Das Natriumion z. B. hat nicht Metallglanz, es vermag nicht Wasserstoff aus Wasser frei zu machen. Ebenso ist das Chlorion vom gewöhnlichen Chlor verschieden, es besitzt nicht die grüne Farbe, nicht den stechenden Geruch, nicht die bleichende Wirkung des Chlors usw. —

Außer den einfachen Ionen, die nur *ein* Element enthalten und den zusammengesetzten Ionen, zu denen $NH_4^{\cdot}$ und CN', sowie die Ionen, welche aus Nichtmetall oder Metall und Sauerstoff bestehen, wie NO_3', SO_4'', MnO_4', CrO_4'' gehören, sind besonders zu beachten:

Die komplexen Ionen.

Wenn man zu der Lösung eines Ferrosalzes Kalium cyanid hinzufügt und erwärmt, bis der Niederschlag gelöst ist, so zeigt diese Lösung, obgleich sie Eisen enthält, nicht die Reaktionen der Eisenionen. Natronlauge, Ammoniak, Schwefelammonium geben keine Niederschläge, es sind somit freie Eisenionen nicht mehr vorhanden, sie sind als solche verschwunden, indem sie in eine zusammengesetztere Form eingetreten sind:

$$FeSO_4 + 2KCN = Fe(CN)_2 + K_2SO_4$$
$$Fe(CN)_2 + 4KCN = K_4[Fe(CN)_6].$$

Die neue Verbindung Ferrocyankalium enthält das Eisen mit der Cyangruppe verknüpft, die das Eisen auch im ionisierten Zustande der Verbindung festhält:

$$K_4[Fe(CN)_6] \rightleftarrows K_4^{\cdot\cdot\cdot\cdot} + [Fe(CN)_6]''''.$$

Das Ferrocyanion $[Fe(CN)_6]''''$ zeigt ein ganz anderes Verhalten wie Ferroion ($Fe^{\cdot\cdot}$). Derartige Ionen nennt man komplexe Ionen, ihre Salze Komplexsalze Komplexe Ionen werden durch Umfassung mit eckigen Klammern kenntlich gemacht.

Komplexbildung findet vielfach statt bei Gegenwart von Cyan und Ammoniumverbindungen, auch bei Gegenwart von organischen Säuren (z. B. Weinsäure). Die Beständigkeit der Komplexionen ist eine verschiedene, bisweilen tritt Zerfall in Einzelionen ein.

Die wichtigsten Komplexionen sind:

1. komplexe Kationen:

$Ag(NH_3)_2^{\cdot}$, $Cu(NH_3)_4^{\cdot\cdot}$, $Zn(NH_3)_4^{\cdot\cdot}$, $Cd(NH_3)_4^{\cdot\cdot}$, $Ni(NH_3)_4^{\cdot\cdot}$, $Ni(NH_3)_6^{\cdot\cdot}$, $Co(NH_3)_4^{\cdot\cdot\cdot}$,

2. komplexe Anionen:

$Ag(CN)_2'$, SiF_6'', HgJ_4'', $Cu_2(CN)_4''$, $Cd(CN)_4''$, $Fe(CN)_3'''$, $Fe(CN)_6''''$.

Säuren und Basen.

Unter den Ionen spielen das Wasserstoffion $H^{\cdot}$ und das Hydroxylion OH' eine besondere Rolle. Das Wasserstoffion hat die Eigenschaft, blaues Lackmuspapier rot zu färben, ein Vorgang, der seit altersher zur Erkennung von *Säuren* dient. Das Hydroxylion färbt rotes Lackmuspapier blau, was die alkalische Reaktion der *Basen* anzeigt.

Die Definition von Säuren und Basen im Sinne der Ionenlehre ergibt sich hiernach von selbst. Diejenigen Stoffe, deren wäßrige Lösung Wasserstoffionen enthalten, sind Säuren, während der Charakter der Basen durch Anwesenheit von Hydroxylionen bedingt ist.

Die Beobachtung hat gelehrt, daß die verschiedenen Säuren und Basen mehr oder weniger energisch aufeinander einwirken. Die Ionenlehre gibt hierfür eine einfache Erklärung. Der Dissoziationsgrad der einzelnen Säuren und Basen ist ein sehr verschiedener. Je weitergehend die Aufspaltung ist, desto größer ist die Reaktionsfähigkeit. Messungen der elekrischen Leitfähigkeit haben ergeben, daß in Doppelnormallösungen (vgl. S. 163) Salzsäure zu 66 Proz., Schwefelsäure zu 50 Proz., Essigsäure hingegen nur zu 0,2 Proz., ferner Kali- und Natronlauge zu 63 Proz. Ammoniak, wie die Essigsäure, nur zu 0,2 Proz. in Ionen gespalten sind. Hiernach werden unterschieden:

Starke Säuren:	Chlor-, Brom- und Jodwasserstoff, Salpetersäure, Schwefelsäure, Chlorsäure.
Schwache Säuren:	Phosphorsäure, schweflige Säure, Essigsäure, Oxalsäure.
Sehr schwache Säuren:	Kohlensäure, Schwefel- und Cyanwasserstoff, Borsäure, Kieselsäure.
Starke Basen:	Kalilauge, Natronlauge und die Lösungen der alkalischen Erden.
Schwache Basen:	Ammoniak, Magnesia, Silberoxyd.
Sehr schwache Basen:	Die Hydroxyde der nicht genannten zweiwertigen Metalle und die Hydroxyde der dreiwertigen Metalle (zum Teil kaum meßbar ionisiert).

Wie die starken Säuren und Basen sind auch die normalen Salze in wäßriger Lösung weitgehend ionisiert.

Neben der Beurteilung der Stärke von Säuren und Basen nach dem Dissoziationsgrad ist ihre Beständigkeit zu beachten. Dies gilt besonders für die Säuren, von denen viele bei gewöhnlicher Temperatur gasförmig, andere beim mäßigen Erhitzen flüchtig sind. Die sehr beständige konzentrierte Schwefelsäure (Siedep. 330°) treibt jene Säuren beim Erwärmen aus, z. B. Salzsäure aus Chloriden, Salpetersäure aus Nitraten und kann *in diesem Sinne* als die stärkere bezeichnet werden; Essigsäure verdrängt die schwächere Kohlensäure usw. In ähnlicher Weise wird das flüchtige Ammoniak durch relativ schwache Basen aus seinen Salzen verdrängt.

Salze.

1. Normale Salze.

Wasserstoffionen und Hydroxylionen vermögen in nennenswerten Mengen nicht nebeneinander zu bestehen, wo sie gleichzeitig auftreten, vereinigen sie sich sofort zu Wasser. Hierauf beruht die Bildung der Salze aus Säuren und Basen, z. B.:

$$HCl + KOH = KCl + H_2O$$

$$H_2SO_4 + Cu(OH)_2 = CuSO_4 + 2H_2O$$

usw.

Die Benennung der Salze erfolgte früher entsprechend ihrer Bildung aus Basen und Säuren, z. B. schwefelsaures, Kupferoxyd, für $CuSO_4$, oder nach den Bestandteilen, z. B. Chlorkalium für KCl. Bezeichnungen, wie schwefelsaures Eisenoxydul und -oxyd, oder Eisenchlorür und Eisenchlorid, deuteten die Oxydationsstufe des Metalls, das dem Salze zugrunde liegt, an.

Salze enthalten aber weder Basen noch Säuren, sondern nur Metall und einen Säurerest (Säureion). Die gebräuchliche Bezeichnungsweise stellt den Namen des Metalls voraus und hängt den des Säureions (vgl. S. 5) an, z. B. Kupfersulfat $CuSO_4$, Kaliumchlorid KCl. Die verschiedenen Salze ein und desselben Metalls mit gleichem Säurerest werden durch *o* und *i* als Endvokale meist im lateinischen Namen des Metalls unterschieden, z. B. Ferrosulfat (Eisenoxydulsulfat) und Ferrisulfat (Eisenoxydsulfat).

2. Hydro- (saure) und Oxy- (basische) Salze.

Salze kann man sich entstanden denken aus Säuren durch Eintritt von Metallen an Stelle des Wasserstoffs oder aus Basen, in denen die OH-Gruppe durch Säurereste ersetzt ist.

Wendet man diese Vorstellung auf Säuren an, die mehr als ein Wasserstoffatom enthalten, z. B.:

H_2SO_4, so erhält man $KHSO_4$ und K_2SO_4

oder:

H_3PO_4 . . . . NaH_2PO_4, Na_2HPO_4, Na_3PO_4

$CaH_4(PO_4)_2$, $CaHPO_4$, $Ca_3(PO_4)_2$

usw.

Salze mit noch unvertretenen H heißen „saure Salze“ oder „Hydrosalze“, sie sind in Wasser mehr oder weniger leicht löslich und reagieren in der Regel (nicht immer) sauer.

In ähnlicher Weise leiten sich von Basen, z. B.:

von $Ca(OH)_2$ . . . . $Ca(OH)Cl$ und $CaCl_2$

oder:

von $Fe(OH)_3$ $Fe(OH)_2Cl$, $Fe(OH)Cl_2$, $FeCl_3$

usw.

Salze ab, die „basische Salze“ oder „Oxysalze“ genannt werden. Die basischen Salze sind in Wasser unlöslich.

Oxydations- und Reduktionsvorgänge.

Die meisten analytischen Reaktionen gehen in wäßrigen Lösungen zwischen Salzen, Basen und Säuren durch doppelte Umsetzung vor sich, wobei sich die Wertigkeitsstufen der Kationen und Anionen nicht ändern, z. B.:

$$AgNO_3 + NaCl = AgCl + NaNO_3 .$$

Besonders zu beachten sind diejenigen Reaktionen, mit denen eine *Änderung der Wertigkeitsstufe* verknüpft ist. Vorgänge, bei denen der Übergang des Metalls in eine höhere Wertigkeitsstufe stattfindet, werden mit *Oxydation*, z. B.

$$2\overset{\mathrm{II}}{FeCl_2} + Cl_2 = 2\overset{\mathrm{III}}{FeCl_3}$$

bezeichnet, wogegen der umgekehrte Vorgang, der Übergang in eine niedere Stufe, z. B.

$$2\overset{\mathrm{III}}{FeCl_3} + H_2 = 2\overset{\mathrm{II}}{FeCl_2} + 2\,HCl$$

Reduktion genannt wird.

Im Sinne der Ionentheorie kann Oxydation auch als Anreicherung von Anionen, Reduktion als Anreicherung von Kationen aufgefaßt werden.

Im engeren Sinne versteht man unter Oxydation die Überführung einer sauerstoffärmeren Verbindung in eine sauerstoffreichere, während Reaktionen entgegengesetzter Art als Reduktionen bezeichnet werden.

Die gebräuchlichsten *Oxydationsmittel* sind:

1. Die Halogene: Chlor, Brom, Jod, bei Gegenwart von Wasser:

$$Cl_2 + H_2O + \mathbf{O} + 2HCl.$$

2. Konzentrierte Salpetersäure:

$$2HNO_3 = 3\mathbf{O} + 2NO + H_2O.$$

3. Wasserstoffperoxyd:

$$H_2O_2 = \mathbf{O} + H_2O.$$

4. Kaliumbichromat in saurer Lösung:

$$K_2Cr_2O_7 = 3\mathbf{O} + K_2O + Cr_2O_3.$$

5. Kaliumpermanganat in saurer Lösung:

$$2HMnO_4 = 5\mathbf{O} + 2MnO + H_2O.$$

Die gebräuchlichsten Reduktionsmittel sind:

1. Schwefeldioxyd (schweflige Säure):

$$SO_2 + \mathbf{O} = SO_3.$$

2. Stannochlorid (Zinnchlorür):

$$SnCl_2 + 2\,\mathbf{Cl} = SnCl_4 .$$

3. Wasserstoff im Augenblick seiner Entstehung a) in saurer, b) in alkalischer Lösung:

$$\text{a)} \ldots \quad Zn + H_2SO_4 = 2\,\mathbf{H} + ZnSO_4$$
$$\text{b)} \ldots \quad Zn + 2\,NaOH = 2\,\mathbf{H} + Zn(ONa)_2 .$$

4. Jodwasserstoff:

$$HJ = \mathbf{H} + J .$$

5. Schwefelwasserstoff:

$$H_2S = 2\,\mathbf{H} + S .$$

Hydrolyse.

Der bei der Lösung eines Elektrolyts in Wasser mehr oder weniger eintretende Zerfall in Ionen ist ein physikalischer Vorgang. In gewissen Fällen vermag Wasser auch chemische Vorgänge herbeizuführen, die mit *„Hydrolyse"* bezeichnet werden. Treten hierbei unlösliche Spaltungsprodukte auf, so entsteht durch Wasser ein Niederschlag, z. B.:

$$Bi(NO_3)_3 + 2\,H_2O = Bi(OH)_2NO_3 + 2\,HNO_3$$
$$SbCl_3 + H_2O = SbOCl + 2\,HCl .$$

Die Hydrolyse wird durch Erwärmen begünstigt, hydrolytische Vorgänge treten daher oft erst beim Erwärmen in Erscheinung. So sind die Acetate des Eisens, Chroms und Aluminiums in kalten Wasser löslich. Werden die Lösungen erhitzt, so scheiden sich basische Salze aus, die sich beim Erkalten mehr oder weniger wieder lösen

$$Fe(C_2H_3O_2)_3 + H_2O \rightleftarrows Fe(OH)(C_2H_3O_2)_2 + HC_2H_3O_2 .$$

Außer solchen, den Analytiker vorzugsweise interessierenden Fällen äußern sich, ohne daß Niederschläge entstehen, partielle hydrolytische Spaltungen, beim Auflösen von Salzen schwacher Basen oder von Salzen schwacher Säuren. Der Vorgang wird kenntlich an der Reaktion der Lösung. So reagieren z. B. die Lösungen normaler Carbonate und Cyanide der Alkalien alkalisch, infolge des Auftretens von freien OH' Ionen alkalisch, z. B.:

$$KCN + H_2O \rightleftarrows HCN + K^{\cdot} + OH',$$

während die Lösungen der normalen Eisen-, Chrom- und Aluminiumsalze infolge des Auftretens freier $H^{\cdot}$ Ionen sauer reagieren, z. B.:

$$FeCl_3 + 3\,H_2O \rightleftarrows Fe(OH)_3 + 3\,Cl' + 3\,H^{\cdot}.$$

Derartige hydrolytische Vorgänge finden immer nur in sehr geringem Umfange statt und beeinträchtigen in der Regel nicht die analytischen Reaktionen.

Massenwirkungsgesetz.

Wenn zwei Stoffe chemisch aufeinander einwirken unter Bildung neuer Stoffe, ist der Verlauf der Reaktion fast nie ein ganz vollständiger, sondern es bleibt stets ein größerer oder kleinerer Teil der Ausgangsstoffe unverbunden. Zwischen diesen und der neu entstandenen Verbindung stellt sich ein chemisches Gleichgewicht ein.

Nach dem Massenwirkungsgesetz ist die chemische Wirkung (d. i. das Bestreben, das Reaktionsprodukt zu bilden) der wirksamen Masse (d. i. der molekulaten Konzentration der aufeinander einwirkenden Stoffe) direkt proportional, dagegen umgekehrt proportional der Konzentration des Reaktionsproduktes. Dieses allgemein gültige Gesetz findet seinen Ausdruck in der Gleichung:

$$\frac{a \cdot b}{c} = \text{konstans},$$

in welcher a und b die Konzentration der aufeinander einwirkenden Stoffe, c die Konzentration des Reaktionproduktes bedeutet. Der konstante Wert ist von der Konzentration und andern äußeren Einflüssen (Temperatur usw.) abhängig. Konzentration bezeichnet die Massen der einzelnen Stoffe.

Beim praktischen Arbeiten pflegen wir *lösliche* und *unlösliche* Stoffe zu unterscheiden. Jeder Stoff ist aber mehr oder weniger löslich, allerdings ist die Löslichkeit gewisser Stoffe so gering, daß sie praktisch nicht in Betracht kommt.

Diese schwer löslichen Stoffe dienen zum Nachweis der in ihnen enthaltenen Elemente, es sind die Niederschläge, die wir in der zu untersuchenden Lösung mit Hilfe der Reagenzien herstellen.

Löslichkeitsprodukt

nennt man nach W. Ostwald das Produkt der Ionenkonzentration, es entspricht in der Gleichung des Massenwirkungsgesetzes dem Werte $a \cdot b$, mithin ist das Löslichkeitsprodukt

$$a \cdot b = c \cdot (\text{konstans}).$$

Die Entstehung von Niederschlägen und der Lösungsvorgang finden eine überaus einfache Erklärung in folgenden Sätzen Ostwalds: *„Jedesmal, wenn in einer Flüssigkeit das Löslichkeitsprodukt überschritten ist, ist die Flüssigkeit in bezug auf das feste Salz übersättigt; jedesmal, wenn in der Flüssigkeit das Löslichkeitsprodukt noch nicht erreicht ist, wirkt diese lösend auf den festen Stoff."*

Sobald die Lösung übersättigt ist, tritt in der Regel eine plötzliche Ausscheidung in Form eines Niederschlags ein.

Chlorsilber dient zum Nachweis sowohl der Silberionen, wie der Chlorionen. Die über dem Chlorsilber befindliche Flüssigkeit enthält immer ein wenig Chlorsilber gelöst (1 Liter Wasser 1,6 mg $AgCl$) das, da die Lösung eine sehr verdünnte ist, fast vollständig ionisiert ist:

$$\underset{c}{AgCl} = [\underset{b}{Ag^{\cdot}} + \underset{a}{Cl'}].$$

Aus der Formel für das Löslichkeitsprodukt ist ohne weiteres ersichtlich, daß durch Vergrößerung der Konzentration der Chlorionen, also von *a*, infolge weiteren Zusatzes des Fällungsmittels, z. B. von Chlornatrium $[Na^{\cdot} + Cl']$ auch *c*, die Konzentration (d. i. die Masse) des Chlorsilbers größer wird, mithin eine Vermehrung des Niederschlags eintreten muß. Dasselbe wird sich ereignen, wenn wir, sofern es sich um den Nachweis von Chlorionen handelt, durch weiteren Zusatz von Silbernitrat $[Ag^{\cdot} + NO_3']$ die Anzahl der Silberionen in der Lösung vergrößern.

Hieraus ergibt sich als theoretische Schlußfolgerung, daß eine Fällung um so vollständiger ist, je größer der Überschuß des Fällungsmittels war. Indessen beim praktischen Arbeiten verfolgen wir die Wirkung der Reagenzien mit den Sinnen und müssen uns auf das Wahrnehmbare beschränken. Tritt nach dem Absetzen des Niederschlages oder nach dem Abfiltrieren weiterhin in der Lösung keine wahrnehmbare Erscheinung auf, so ist jeder weitere Zusatz des Fällungsmittels zwecklos. In der Regel kommt man mit einem geringen Überschuß des Fällungsmittels aus, nur bei krystallinischen, langsamer sich ausscheidenden Niederschlägen ist ein größerer Überschuß am Platze.

Wie das Wiederauflösen von Niederschlägen und das Lösen anderer Stoffe anzustreben ist, ergeben ähnliche Betrachtungen in entgegengesetztem Sinne. Die Lösungsvorgänge spielen sich jedoch nicht immer in der einfachen Form von Konzentrationsänderung ab, in vielen Fällen beruhen sie auf weitergehenden Reaktionen. „Auflösung“ und „Aufschließung“ fester Stoffe, die zu den immer wiederkehrenden Operationen des Analytikers gehören, sind in einem besondern Abschnitt behandelt.

Ionengleichungen und Molekulargleichungen.

Die Vorstellung, daß alle Reaktionen durch die Einwirkung von Ionen aufeinander sich vollziehen, läßt sich, beispielsweise für die Bildung von Salzen aus Basen und Säuren, folgendermaßen zum Ausdruck bringen:

$$Na^{\cdot} \mid OH' + H^{\cdot} \mid Cl' = \mathbf{H_2O} + Na^{\cdot} \mid Cl'$$
$$K^{\cdot} \mid OH' + H^{\cdot} \mid NO_3' = \mathbf{H_2O} + K^{\cdot} \mid NO_3'$$

usw.

Durch Streichung der beiden Seiten der Gleichungen gemeinsamen Ionen gelangt man zu der **Ionengleichung**:

$$H^{\cdot} + OH' = \mathbf{H_2O}.$$

Der Vorgang, welchen diese Ionengleichung in sich schließt, ist der Entstehung *aller* Salze in Lösung gemeinsam.

In ähnlicher Weise lassen sich alle Reaktionen der analytischen Chemie, z. B. das Verhalten der Silbersalze gegen Salzsäure und lösliche Chloride, formulieren:

$$Ag^{\cdot} \mid NO_3' + H^{\cdot} \mid Cl' = \mathbf{AgCl} + H^{\cdot} \mid NO_3'$$
$$Ag^{\cdot} \mid NO_3' + Na^{\cdot} \mid Cl' = \mathbf{AgCl} + H^{\cdot} \mid NO_3'$$

und in eine Ionengleichung:

$$Ag^{\cdot} + Cl' = \mathbf{AgCl}$$

zusammenfassen.

Die Ionengleichung ist der **allgemeine** Ausdruck für eine Reaktion, die **Molekulargleichungen** hingegen gelten immer nur für einen **bestimmten** Fall, so sagt uns die Molekulargleichung:

$$AgNO_3 + HCl = AgCl + HNO_3$$

nur, daß Silbernitrat und Salzsäure unter Bildung von Silberchlorid und Salpetersäure aufeinander einwirken.

Die Entstehung von Salpetersäure kommt, wo es sich um den Nachweis von Silber- oder Chlorion handelt, nicht in Betracht, sie verschwindet in der Ionengleichung, die nur sagt, daß beim Vermischen **aller** Lösungen, die einerseits Silber-, andererseits Chlorionen enthalten, Silberchlorid entsteht.

Wenn somit die Überlegenheit der Ionengleichungen außer Zweifel ist, hat doch die Erfahrung gelehrt, daß der Anfänger sich zunächst mit Molekulargleichungen besser zurecht findet. Es läßt sich aus der Art des praktischen Arbeitens erklären. Jede Reaktion, die ausgeführt wird, stellt einen bestimmten Fall dar. Um den Vorgang des speziellen Falls, der sich vor den Augen des Beobachters abspielt, nach allen Seiten zu erklären, bedarf es der Molekularformel.

Der Anfänger hat vor allem *richtig beobachten* zu lernen und eine Summe von empirischen Kenntnissen sich anzueignen. Die empirischen Kenntnisse werden ihm das Verständnis der wissenschaftlichen Grundlage erleichtern.

Gang der qualitativen Analyse.

Die qualitative Analyse umfaßt folgende Operationen, welche in der *angegebenen Reihenfolge* vorzunehmen sind:

I. *Vorprüfung.*

II. *Auflösung* oder *Aufschließung*, wenn der zu untersuchende Körper in fester Form vorliegt.

III. *Aufsuchung der Kationen.*

IV. *Aufsuchung der Anionen.*

Über sämtliche Beobachtungen ist genau Buch zu führen!

I. Vorprüfung.

(Analyse auf trockenem Wege.)

Die Vorprüfung hat den Zweck:

1. ein Urteil über die allgemeine Natur des zu untersuchenden Körpers zugeben und hierdurch die weitere Analyse zu erleichtern, *Zweck der Vorprüfung.*
2. Anhaltspunkte für die Überführung unlöslicher Verbindungen in lösliche zu erhalten.

Wenn auch bei der Vorprüfung oft das Vorhandensein gewisser Elemente und einiger Verbindungen erkannt wird, so bleibt es in der Regel ungewiß, in welcher näheren Beziehung die gefundenen Bestandteile zu einander stehen. Das Ergebnis der Vorprüfung ist nur in seltenen Fällen erschöpfend, daher hat stets die Analyse auf nassem Wege zu folgen. Es ist darauf zu achten, daß das Resultat der Analyse mit dem Ergebnis der Vorprüfung in Einklang steht.

Besteht der Körper aus größeren oder kleineren Stücken, so sind dieselben zunächst zu pulverisieren. Äußere Eigenschaften wie: Farbe, Geruch, Krystallform, Metallglanz usw. sind zu beachten. Ob eine Mischung vorliegt, läßt sich oft mit Hilfe der Lupe erkennen. Befindet sich der zu untersuchende Körper in Lösung, so ist ein Teil der Lösung einzudampfen und der verbleibende Rückstand zur Vorprüfung zu verwenden.

Die Vorprüfungen sind in der Reihenfolge, wie sie die *erste Tabelle* angibt, auszuführen.

Vorprüfung bei Anwesenheit von nur einer Base.

Enthält die zu untersuchende Lösung *nur eine* Base, so kann man sich darauf beschränken, zu prüfen:

1. wie die Lösung reagiert,
2. ob beim vorsichtigen Verdampfen der Lösung auf Platinblech (oder in Ermangelung eines solchen auf einem dünnwandigen Glasscherben) ein Rückstand hinterbleibt und wie sich dieser Rückstand beim weiteren Erhitzen verhält,
   a) *es verflüchtigen sich*: **Ammonium-, Quecksilbersalze** und **arsenige Säure**;
   b) *es sind leicht schmelzbar ohne Änderung der Farbe*: die **Kalium-** und **Natriumsalze**;
   c) *es sind schwer oder unschmelzbar ohne Änderung der Farbe*: die **Aluminium-**, **Magnesiumverbindungen** und die meisten Salze der **alkalischen Erden**;
   d) *es färben sich dunkler beim Erhitzen:* die Salze der meisten **Schwermetalle**.
3. ob eine charakteristische Flammenreaktion eintritt.

---

1. Flammenreaktionen.

Flammenreaktionen.

Struktur der Flamme des Bunsen-Brenners. Die am Fuße des Brenners befindliche bewegliche Hülse ist so einzustellen, daß im Innern der Flamme die leuchtende Spitze gerade noch sichtbar ist.

Es bildet sich alsdann in der Brennerröhre eine Mischung von Leuchtgas und Luft, welche auf 2 Vol. Leuchtgas 3 bis 4 Vol. Luft enthält. An der Flamme unterscheidet man:

1. den *inneren dunkeln Gaskegel* *abba*, welcher unverbranntes Leuchtgas und Luft enthält.
2. die *leuchtende Spitze* *bcb*, in welcher sich glühender Kohlenstoff befindet.
3. den *Flammenmantel* *cadac*, welcher außer Verbrennungsprodukten und Stickstoff noch etwa 6 Vol. Proz. brennbare Gase enthält.

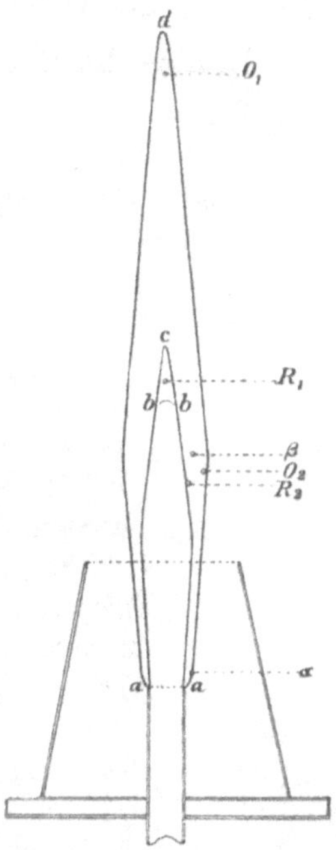

Die *Temperatur der Flamme* ist an den einzelnen Stellen sehr verschieden, am niedrigsten an der Flammenbasis *aa*, am höchsten zwischen den beiden Verbrennungszonen, etwas unterhalb der leuchtenden Spitze bei β (Schmelzraum). Hier gelingt es, Silberdraht zum Schmelzen zu bringen, d. h. den eingeführten Körper auf etwa 1000° C zu erhitzen.

Die Beschaffenheit der Flamme ermöglicht es, in einzelnen Teilen derselben *Reduktions-*, in anderen *Oxydationsvorgänge* herbeizuführen. Am geeignetsten ist zur

Oxydation: 1. die *Spitze* der Flamme bei O_1 (oberer Oxydationsraum) oder
2. die *äußere Verbrennungszone* der Flamme, etwas unterhalb der leuchtenden Spitze bei O_2 (unterer Oxydationsraum);

Reduktion: 1. die *leuchtende Spitze* der Flamme bei R_1 (oberer Reduktionsraum),
2. die *innere Verbrennungszone* der Flamme, unterhalb der leuchtenden Spitze bei R_2 (unterer Reduktionsraum).

A. *Das Erhitzen des Körpers am Platindraht*[1] *in der nichtleuchtenden Flamme des Bunsen-Brenners* dient besonders zur Erkennung der Alkalien und alkalischen Erden, des Antimons, Arsens und einiger Schwermetalle, sowie der Phosphorsäure und Borsäure.

Flammenfärbung. Erhitze die Substanz

a) für sich,

b) nach dem Befeuchten mit *Salzsäure* (um Oxyde oder Carbonate in die leichter flüchtigen Chloride überzuführen).

Die Flamme färbt sich bei Gegenwart von:

Kalium . . . . violett.

Bei Anwesenheit von *Natrium* wird die violette Flammenfärbung verdeckt; mit Hilfe des Indigprismas oder eines Stückes Kobaltglas läßt sich jedoch *Kalium* neben *Natrium* erkennen (vgl. S. 54).

Natrium . . . . gelb. (Vgl. S. 54.)
Barium . . . . grün.
Strontium . . . . . . carminrot.
Calcium . . . . gelbrot.
Kupfer . . . . grün oder blau.
Blei . . . . }
Arsen . . . . } fahl.
Antimon . . . . . . }

Nachweis der Phosphorsäure und Borsäure. c) nach dem Befeuchten mit *konz. Schwefelsäure* zum Nachweis der *Phosphorsäure* und *Borsäure*, deren Erkennung durch diese *Vorprüfung* wichtig ist.[2]

---

[1] An Stelle des Platindrahtes können auch Kaolinstäbchen dienen, wie sie u. a. von der „Magnesia Compagnie" A. G. in Pankow in den Handel gebracht werden.

[2] Weil aus einer Lösung, welche gleichzeitig *Phosphorsäure* und *Calcium*, *Strontium*, *Barium* oder *Magnesium* enthält, bereits durch Ammoniak auch bei Anwesenheit von Salmiak, die genannten Metalle als Phosphate gefällt werden (vgl. S. 49 u. 59).

Bringe den zu untersuchenden Körper unweit der Flammenbasis (bei α) in die Flamme. Die Flammenfärbung hört auf, sobald die Schwefelsäure verdampft ist, tritt jedoch nach dem Befeuchten mit Schwefelsäure von neuem auf.

Die Flamme färbt sich bei Gegenwart von

Borsäure . . . . grün,
Phosphorsäure . . . . . fahl.

***B.** Das Verhalten des Körpers in der Phosphorsalzperle* dient zur Erkennung von Chrom, Kobalt, Kupfer und einiger anderer Schwermetalle, sowie zur Erkennung von Kieselsäure. *Phosphorsalzperle.*

An dem zu einem Öhre umgebogenen Ende eines dünnen (0,5 mm) Platindrahtes schmilzt man Phosphorsalz zu einer kleinen Perle und bringt hierauf an die erkaltete *klare* und *farblose* Perle ein wenig der zu untersuchenden Substanz und erhitzt

a) *im Reduktionsraum,*
b) *im Oxydationsraum*

der Flamme.

Das Phosphorsalz $Na(NH_4)HPO_4$, $4aq$ (Natriumammoniumphosphat) verliert zunächst das Krystallwasser und geht beim weiteren Erhitzen unter Abspaltung von Ammoniak und Wasser in Natriummetaphosphat $NaPO_3$ über, welches in geschmolzenem Zustande eine glasähnliche Beschaffenheit besitzt:

$$Na(NH_4)HPO_4 = NaPO_3 + H_2O + NH_3.$$

Das gebildete Metaphosphat löst die Metalloxyde unter Rückbildung von Orthophosphat auf; aus den Metallsalzen wird hierbei die Säure frei. Kupfer scheidet sich in der Reduktionsflamme aus. Z. B.

in der Oxydationsflamme
$$\begin{cases} NaPO_3 + CuO = NaCuPO_4 \\ NaPO_3 + CuSO_4 = NaCuPO_4 + SO_3 \\ 3NaPO_3 + Fe_2O_3 = Na_3Fe_2(PO_4)_3 \end{cases}$$

in der Reduktionsflamme
$$\begin{cases} Na_3Fe_2(PO_4)_4 + C = 2NaFePO_3 + NaPO_3 + CO \\ NaCuPO_4 + C = NaPO_3 + Cu + CO. \end{cases}$$

Die Farbe, welche die Perle in der Oxydationsflamme annimmt, ist zuweilen (bei Kupfer, Mangan) verschieden von der Färbung, welche in der Reduktionsflamme erhalten wird.

1. Charakteristische Färbungen der Phosphorsalzperlen veranlassen in der

	Reduktionsflamme	Oxydationsflamme
Kobalt	blau	blau
Chrom	grün	grün
Kupfer	rotbraun (undurchsichtig)	grünblau
Mangan . . .	farblos	amethystfarben
Eisen	schwach grünlich . . .	heiß: gelbbraun, nach dem Erkalten nahezu farblos.
Nickel	wie Eisen, die erkaltete Perle ist gelblich.	

Anmerk. Wird die farblose, noch heiße Perle einen Augenblick mit einem Salpeterkrystall in Berührung gebracht, so verwandelt sie sich, auch wenn sie nur Spuren einer Manganverbindung enthält, in eine rote schaumige Masse.

Die übrigen Metalle geben farblose, grau oder braun gefärbte Perlen, die nach dem Erkalten bisweilen trübe oder emailartig erscheinen.

Nachweis der Kieselsäure.

2. *Kieselsäure* und die meisten *Silicate* geben, sowohl in der Reduktions-, wie in der Oxydationsflamme, ein *Kieselskelett.*

Kieselsäure löst sich in der geschmolzenen Perle nicht auf, sondern schwimmt in derselben als scharf begrenzte Masse (Skelett), welche nach dem Erkalten undurchsichtig weiß erscheint. Aus den Silicaten wird die Kieselsäure frei, z. B.:

$$NaPO_3 + CaSiO_3 = NaCaPO_4 + SiO_2.$$

2. Das Erhitzen im Glühröhrchen

Erhitzen im Glühröhrchen.

bezweckt Anhaltspunkte dafür zu gewinnen, ob die zu untersuchende Substanz

A. nicht flüchtig,

B. flüchtig ist, oder unter Entwicklung *flüchtiger* Produkte sich zersetzt.

Bringe ein wenig der Substanz in das *trockene* Glühröhrchen[1] und erhitze das untere Ende desselben in der Flamme eines Bunsenbrenners *allmählich* bis zum Glühen. An den kälteren Stellen des Röhrchens verdichtet sich oft der flüchtige Körper wieder zu Tröpfchen oder zu einer festen Masse (Sublimat). Wassertröpfchen sind vor dem stärkeren Erhitzen mit Hilfe eines Streifens zusammengerollten Filtrierpapiers zu entfernen. — Schmelzbarkeit, Farbenänderung usw. sind zu beachten.

Ist die Substanz zum Teil flüchtig, zum Teil nicht flüchtig, so sprenge den Boden des Glühröhrchens ab, nimm den nicht flüchtigen Rückstand heraus und untersuche ihn nach *A*. Hatte sich ein festes Sublimat angesetzt, so kratze es aus dem Röhrchen heraus und prüfe nach *B*.

A. Die Substanz ist nicht flüchtig.

Wenn die Substanz nicht flüchtig ist, bringe etwa eine Federmesserspitze davon auf ein senkrecht zu den Jahresringen geglättetes Stück Holzkohle, welches zum Aufnehmen der Substanz an dem einen Ende mit einer kleinen Vertiefung versehen ist, und erhitze[2] zunächst vorsichtig, dann möglichst stark mit der Spitze der Lötrohrflamme. *Erhitzen der nicht flüchtigen Substanz vor dem Lötrohr auf Kohle.*

a) für sich: *Für sich.*

Verpufft der Körper, so enthält derselbe eine sauerstoffreiche Säure, wie *Salpetersäure, Chlorsäure* usw.,

---

[1] Als Glühröhrchen dienen an einem Ende zugeschmolzene Röhrchen von 4—6 mm Weite und 12—15 mm Länge aus *schwer schmelzbarem* Glase.

[2] Liegt eine sehr leichte und fein verteilte Substanz vor, welche bei der Berührung mit der Flamme von der Kohle weggeblasen wird, so befeuchte sie mit einem Tropfen Wasser.

deren Sauerstoff sich mit dem glühenden Kohlenstoff unter Feuererscheinung vereinigt, z. B.:

$$2KClO_3 + 3C = 2KCl + 3CO_2.$$

NB. Die Erkennung der **Chlorsäure** durch diese Vorprüfung ist wichtig, weil die Chlorate beim raschen Erhitzen mit konzentrierter Schwefelsäure sich explosionsartig zersetzen.

Das *Verpuffen* ist nicht zu verwechseln mit dem *Dekrepitieren* (Kochsalz).

Weitere Erscheinungen, die auftreten können, sind auf *Tabelle 1* unter 2, A, a zusammengestellt.

Mit Kobaltlösung befeuchtet.

b) mit Kobaltlösung (Kobaltonitrat).

Blieb nach dem Erhitzen für sich eine *nicht gefärbte* Masse (geschmolzen oder nicht geschmolzen) zurück, so befeuchte dieselbe mit einem Tropfen Kobaltlösung und erhitze von neuem.

Hierbei geben eine Reihe von Metalloxyde und Säuren *charakteristisch gefärbte* Gläser oder ungeschmolzene Massen (vgl. Tabelle I unter 2, A, b).

Mit Soda.

c) mit Natriumcarbonat (*Soda*).

Die zu untersuchende Substanz wird mit der zwei- bis dreifachen Menge Soda gemischt auf die Kohle gebracht. Hierauf ist das Gemisch mit dem reduzierend wirkenden Teil der Lötrohrflamme[1] bis zum Schmelzen zu erhitzen und etwa eine Minute im Fluß zu erhalten. Bei Gegenwart von **Arsen** tritt hierbei der Geruch nach Knoblauch auf.

Wende von der Substanz nicht mehr, als eine Federmesserspitze faßt, an. Die erfahrungsmäßig bestehende Neigung, größere Mengen anzuwenden, erschwert die Durchführung der Reaktion.

Die erkaltete Masse wird von der Kohle abgekratzt, auf eine blanke Silbermünze gelegt und mit einem Tropfen Wasser befeuchtet, um zu beobachten, ob auf

[1] Die Lötrohrflamme hat die gleiche Struktur wie die Flamme des Bunsen-Brenners.

der Münze ein *schwarzer* Fleck entsteht *(Heparreaktion)*. Hierauf wird die Schmelze mit wenig Wasser in einen Achatmörser gespritzt und mit dem Pistill zerrieben. Durch wiederholtes Schlämmen mit Wasser läßt sich reduziertes Metall leicht erkennen und rein erhalten.

Die Reduktion der Metallsalze läßt sich auch sehr elegant am Kohlenstäbchen in folgender Weise nach *Bunsen* ausführen:

Man nähert der Flamme des Bunsen-Brenners seitlich einen nicht verwitterten Sodakrystall und bestreicht mit dem daran entstehenden Tropfen ein gewöhnliches Streichhölzchen[1] (von dem zuvor die Kuppe entfernt ist) bis zu drei Viertel seiner Länge. Wird dasselbe darauf langsam in der Flamme um seine Achse gedreht, so bildet sich um das verkohlte Holz eine Kruste von festem Natriumcarbonat, das bei weiterem Erhitzen in der Flamme schmilzt und von der Kohle aufgesogen wird. Man erhält dadurch ein mit Soda imbibiertes Kohlenstäbchen, das durch eine Sodaglasur vor dem leichteren Verbrennen geschützt bleibt. An die Spitze dieses Stäbchens bringt man die mit einem Tropfen des schmelzenden Sodakrystalls auf der Innenseite der linken Hand zu einer breiigen Masse mittels der Klinge eines Federmessers gemischte Probe von der Größe eines großen Hirsekorns. Nachdem dieselbe in der unteren Oxydationsflamme zum Schmelzen gebracht, führt man sie von oben nach unten in den heißesten Teil des unteren Reduktionsraumes. Der Zeitpunkt, wo die Reduktion vor sich geht, gibt sich durch ein heftiges Aufwallen des Soda zu erkennen, welches man nach einigen Augenblicken dadurch unterbricht, daß man die Probe am Kohlenstäbchen in dem dunkeln Kegel der Flamme erkalten läßt.

Das die Probe enthaltende Ende des Kohlenstäbchens wird mit den Fingern abgekniffen, zunächst auf eine Silbermünze gelegt, dann im Achatmörser verrieben.

Zur weiteren Untersuchung der Metallflitterchen spritze dieselben auf einen flachen dünnwandigen Glasscherben. Nach dem Abgießen und Aufsaugen des Wassers mit Fließpapier versuche die Metallteilchen zunächst in Salzsäure, dann in Salpetersäure zu lösen. Die zur Untersuchung der Lösung (vgl. 1 u. 2, S. 26 u. 27.)

[1] Besser noch eignen sich hierzu imprägnierte, metallfreie Streichhölzchen.

erforderlichen Reagenzien sind tropfenweise mit Hilfe eines Capillarfadens zu verwenden.

Auf Kohle mit Soda erhitzt werden die Verbindungen der meisten Schwermetalle zu Metall reduziert. Die schmelzende Soda entzieht unter Abspaltung der Kohlensäure dem Metallsalz den Säurerest; das Metalloxyd gibt den Sauerstoff an den den glühen Kohlenstoff ab, z. B.:

$$PbCl_2 + Na_2CO_3 = PbO + CO_2 + 2NaCl$$
$$PbO + C = Pb + CO$$

oder

$$CuSO_4 + Na_2CO_3 = CuO + CO_2 + Na_2SO_4$$
$$CuO + C = Cu + CO.$$

Beim Erhitzen vor dem Lötrohr wird das reduzierte Metall, sofern es einen relativ niedrigen Siedepunkt hat *(Antimon, Blei, Wismut)*, zum Teil verflüchtigt. Beim Austritt aus der Flamme oxydiert die Luft die Metalldämpfe sofort wieder, und die nichtflüchtigen Oxyde schlagen sich teilweise auf der Kohle als Anflug *(Beschlag)* nieder.

Beschlag und Asche von der Kohle herrührend, lassen sich leicht unterscheiden. Ein Beschlag verschwindet an der Stelle, an der man ihn mit der Spitze der Lötrohrflamme berührt.

Da die Temperaturen, bei welchen *Zinkoxyd* und *Cadmiumoxyd*, sowie nicht flüchtige *Arsenverbindungen* durch die Kohle reduziert werden, den Siedepunkten der Metalle sehr nahe liegen, verflüchtigen sich Zink, Cadmium und Arsen im gleichen Maße, in dem sie entstehen. Die Schmelze enthält daher *kein Metall*, es tritt *nur Beschlag* auf.

1. *Metall ohne Beschlag:*

a) in Form glänzender duktiler Körner oder Flitter

Silber, weiß, in Salpetersäure leicht löslich; Salzsäure erzeugt in der Lösung einen weißen Niederschlag.

Kupfer, rot, in Salpetersäure löslich; die Lösung wird durch Ammoniak blau gefärbt.

Zinn, weiß, löslich in konz. Salzsäure; beim Behandeln mit Salpetersäure: unlösliche weiße Zinnsäure.

b) in Form eines grauen (magnetischen) Pulvers

Eisen, *Nickel*, *Kobalt*, } löslich in Salzsäure.

Mit der Spitze der magnetisch gemachten Klinge des Taschenmessers läßt sich das Metallpulver leicht von den letzten Anteilen der Kohle trennen. Es wird am Messer selbst mit Wasser abgespült und, indem man die Messerklinge möglichst weit von dem daran haftenden Metallpulver einige Male quer die Flamme führt, getrocknet. Zieht man die fest zwischen dem obersten Gliede des Daumens und dem untersten des Zeigefingers eingeklemmte Messerklinge durch die Finger, und nähert man den abgestreiften Metallen die magnetische Messerspitze, so springen sie von der Hand an dieselbe und bilden ein bürstenartiges Büschel, das sich bequem mit der Lupe untersuchen und durch Berührung mit einer geschmolzenen Phosphorsalzperle in beliebiger Menge auf diese übertragen läßt. Den am Messer haftenden Rest streicht man auf das Ende eines 5 mm breiten Streifens Fließpapiers derart ab, daß die Probe möglichst nahe am Ende des Streifens einen engbegrenzten schwarzen Fleck bildet. Wird dieses, senkrecht nach außen gekehrt, mittels eines Capillarfadens mit Salpetersäure und Salzsäure befeuchtet und der anhängende Tropfen bei stets nach unten geneigter Haltung an den Rand der Flamme gebracht, so verdampft die überschüssige Säure und hinterläßt die gebildeten, das Streifenende durchtränkenden Chloride in hinlänglicher Konzentration, um durch Einwirkung von Reagenzien weitere Prüfungen zu erzielen (*Bunsen*).

2. *Metall mit Beschlag:*

Blei, dehnbar, unlöslich in Salzsäure, in Salpetersäure löslich; Beschlag: gelblich.

Antimon, spröde, unlöslich in Salzsäure; wird durch Salpetersäure in unlösliches weißes Oxyd übergeführt; Beschlag: weiß.

Wismut, spröde, in konz. Salpetersäure löslich aus der Lösung nach Zusatz eines Tropfens Salzsäure durch Wasser fällbar; Beschlag: braun.

3. *Beschlag ohne Metall:*

Zink, weiß, (heiß, gelb).

Kadmium, gelbbraun.

Arsen, weiß, sehr flüchtig; zugleich tritt ein knoblauchähnlicher Geruch auf. **(Vorsicht!)**

4. *Auf der Silbermünze entsteht ein schwarzbrauner bis schwarzer Fleck.*

Heparreaktion.

Schwefel in *allen* seinen Verbindungen.

Liegt ein Sulfat vor, so entsteht beim Erhitzen mit Soda zunächst Natriumsulfat, liegt ein Sulfit vor, Natriumsulfit usw. Hierauf erfolgt durch die Kohle Reduktion zu Schwefelnatrium.[1], z. B.:

$$Na_2SO_4 + 4C = Na_2S + 4CO$$
$$Na_2SO_3 + 3C = Na_2S + 3CO.$$

Das angefeuchtete Schwefelnatrium setzt sich an der Luft mit Silber zu *schwarzem Schwefelsilber* und Natriumhydroxyd um:

$$4Ag + 2Na_2S + 2H_2O + O_2 = 2Ag_2S + 4NaOH.$$

Mit Salzsäure befeuchtet, entwickelt die Schmelze *Schwefelwasserstoff:*

$$Na_2S + 2HCl = H_2S + 2NaCl.$$

Da *alle* Verbindungen des Schwefels diese Reaktion zeigen, ergibt sich aus dem Blankbleiben der Silbermünze die *Abwesenheit von Schwefel überhaupt* in der untersuchten Substanz.

Anmerk. *Jodverbindungen* geben nach dem Erhitzen mit Soda vor dem Lötrohr auf der Silbermünze einen *grauen* Fleck.

B. *Die Substanz ist ohne Zersetzung flüchtig, oder zersetzt sich unter Entwicklung flüchtiger Produkte.*

Zu den wichtigsten *ohne Zersetzung* flüchtigen Stoffen gehören *Ammonium-* und *Quecksilbersalze*, *Arsentrioxyd*, *Schwefel* und *Wasser*.

[1] Geschmolzenes Schwefelnatrium nimmt nach dem Erkalten eine der Leber ähnliche Farbe an, daher: *Heparreaktion* (von hepar [griechisch] = Leber).

Zum Nachweis von

Ammoniak mische den zu untersuchenden Körper mit gelöschten Kalk (Calciumhydroxyd) und erwärme, wenn nicht schon in der Kälte der Geruch nach Ammoniak auftritt, die Mischung im Glühröhrchen:

$$2NH_4Cl + Ca(OH)_2 = CaCl_2 + 2NH_3 + 2H_2O.$$

Diese Prüfung auf Ammoniak ist *stets vorzunehmen*, da sich Ammoniumsalze sauerstoffreicher Säuren beim Erhitzen im Glühröhrchen zersetzen und daher kein Sublimat liefern, z. B.

$$(NH_4)NO_3 = N_2O + 2H_2O.$$

Quecksilber und Arsen lassen sich in allen Verbindungen (Antimon in einigen) durch Erhitzen mit Soda und Kohle im Glühröhrchen nachweisen. Die trockene Substanz ist mit etwas Ruß oder Holzkohlenpulver und *vollständig* entwässerter Soda zuvor im Mörser gut zu verreiben. Das reduzierte leicht flüchtige Metall verdichtet sich zu glänzenden Tröpfchen (Quecksilber) oder zu einem Metallspiegel (Arsen, Antimon).

Schwefel, gelb, verbrennt mit blauer Flamme und stechendem Geruch.

Bisweilen treten beim Erhitzen im Glühröhrchen Zersetzungsvorgänge unter Entwicklung flüchtiger Produkte ein, welche sich als Beschlag *im Glühröhrchen wieder verdichten* (Schwefel, Quecksilber, Arsen, Jod) oder *gasförmig* entweichen. Die entweichenden Gase sind entweder *brennbar* (z. B. Kohlenoxyd, Cyan), oder *nicht brennbar* (Sauerstoff, Kohlendioxyd, Schwefeldioxyd usw.) und oft von *charakteristischem Geruch* (siehe Tabelle I, B, 2). *Der Körper zersetzt sich.*

Die Zersetzungsvorgänge, welche oft nur allgemeine Schlüsse zulassen, sind mannigfacher Art, z. B.:

$$2KClO_3 = 2KCl + 3O_2$$
$$Hg(NO_3)_2 = Hg + 2NO_2 + O_2$$
$$2AgCN = Ag_2 + (CN)_2$$
$$BaSiFl_6 = BaFl_2 + SiFl_4$$
$$2Na_2S_2O_3 = Na_2SO_4 + Na_2S + SO_2 + S$$
$$CaC_2O_4 = CaCO_3 + CO = CaO + CO_2 + CO$$

usw.

Viele organische Körper (*Weinsäure* usw.) zersetzen sich unter Abscheidung von Kohle (der Körper schwärzt sich) *und* Entwicklung flüchtiger brennbarer Produkte.

3. Erwärmen der Substauz mit konzentrierter Schwefelsäure

dient zur Vorprüfung auf *Anionen.* Hierbei werden fast alle Säuren aus ihren Verbindungen verdrängt und in Freiheit gesetzt. Viele Säuren sind schon bei gewöhnlicher Temperatur *gasförmig (Fluor-, Chlor-, Brom-, Jod-, Cyan- Schwefelwasserstoff, Kohlen-, Schwefeldioxyd,* sowie die niederen Oxyde des Stickstoffs), einige beim mäßigen Erhitzen *flüchtig (Salpeter-, Essigsäure)*, andere *zersetzen sich* beim Erhitzen mit konzentrierter Schwefelsäure unter Entwicklung *flüchtiger Produkte,* wobei die konzent. Schwefelsäure oft oxydierend wirkt. Um diese Wirkung auszuschalten, ist vor der Aufsuchung der Anionen die Vorprüfung mit *verdünnter* Schwefelsäure zu erweitern (vgl. S. 118).

Übergieße zunächst nur wenig der Substanz, etwa so viel wie eine Messerspitze faßt, in einem trocknen Probiergläschen mit konzentrierter Schwefelsäure und erwärme, jedoch nicht bis zum Siedepunkt der Schwefelsäure (330°).

A. Die sich entwickelnden Gase oder Dämpfe sind gefärbt.

Gefärbte Gase oder Dämpfe.

Violett: *Jod,* neben Jodwasserstoff bei Gegenwart von *Jodiden.*

$$\begin{cases} 2KJ + H_2SO_4 = K_2SO_4 + 2HJ \\ 2HJ + H_2SO_4 = J_2 + SO_2 + 2H_2O. \end{cases}$$

Rotbraun:

a) *Brom,* neben Bromwasserstoff bei Gegenwart von *Bromiden.*

$$\begin{cases} 2NaBr + H_2SO_4 = Na_2SO_4 + 2HBr \\ 2HBr + H_2SO_4 = Br_2 + SO_2 + 2H_2O. \end{cases}$$

b) *Oxyde des Stickstoffs*, bei Gegenwart von *Nitriten*, sowie bei *gleichzeitiger Anwesenheit* von *Nitraten* und Chloriden (neben Chlor), oder Metallen und anderen reduzierend wirkenden Stoffen, z. B.:

$$2 NaNO_2 + H_2SO_4 = Na_2SO_4 + NO_2 + NO + H_2O,$$

$$\begin{cases} 2 KNO_3 + 2 NaCl + 2 H_2SO_4 = 2 KNaSO_4 + 2 HNO_3 + 2 HCl \\ 2 HNO_3 + 2 HCl = 2 NO_2 + Cl_2 + 2 H_2O. \end{cases}$$

c) *Chromylchlorid* (Chlorchromsäure) bei gleichzeitiger Anwesenheit von *Chloriden* und *Bichromaten*.

$$4 KCl + K_2Cr_2O_7 + 3 H_2SO_4 = 2 CrO_2Cl_2 + 3 K_2SO_4 + 3 H_2O.$$

Gelbgrün:

a) *Chlor*, bei Gegenwart von:

1. *Hypochloriten:*

$$2 NaClO + H_2SO_4 = Cl_2 + Na_2SO_4 + H_2O.$$

2. *Chloriden* und *oxydierend* wirkenden Substanzen:

$$2 NaCl + MnO_2 + 2 H_2SO_4 = Cl_2 + Na_2SO_4 + MnSO_4 + 2 H_2O.$$

b) *Chlordioxyd*, bei Gegenwart von *Chloraten* (die Lösung färbt sich orangegelb). Beim Erhitzen treten Detonationen auf. **Vorsicht!**

NB. Mit wenig Substanz ist die Reaktion bei genügender Vorsicht gefahrlos:

$$\begin{cases} 2 KClO_3 + H_2SO_4 = K_2SO_4 + 2 HClO_3 \\ 3 HClO_3 = HClO_4 + 2 ClO_2 + H_2O. \end{cases}$$

B. *Die sich entwickelnden Gase sind farblos.*

Halte den dem Probierglas entweichenden Gasen einen Glasstab, welcher mit einem Tropfen Silbernitratlösung befeuchtet ist, entgegen. *Farblose Gase oder Dämpfe.*

1. *Am Glasstab entsteht ein Niederschlag von:*

a) *Chlorsilber*, weiß, käsig, bei Gegenwart von *Chloriden*, das entweichende Gas (Salzsäure) raucht an der Luft und bildet mit Ammoniak Salmiaknebel:

$$\begin{cases} KCl + H_2SO_4 = HCl + KHSO_4 \\ HCl + AgNO_3 = AgCl + HNO_3. \end{cases}$$

Die *Halogen*verbindungen des *Silbers* und Quecksilbers werden durch Schwefelsäure nur schwierig zersetzt. Chlorsilber und die Chlorverbindungen des Quecksilbers entwickeln keine (oder nur Spuren von) Salzsäure. Bromide und Jodide verhalten sich ähnlich (vgl. A. S. 30).

b) farblos, *Kieselsäure*, gallertartig; bei Gegenwart von *Kieselfluoriden* und *Fluoriden*. Das entweichende Gas *Fluorsilicium*, wird durch das Wasser der Lösung zersetzt. Der Niederschlag entsteht daher auch an einem mit *Wasser* befeuchteten Glasstab.

$$3\,SiF_4 + 3\,H_2O = H_2SiO_3 + 2\,H_2[SiF_6]\,.$$

Enthält der Körper ein Fluorid, so wirkt der zunächst freiwerdende Fluorwasserstoff auf die Kieselsäure des Glases ein, wobei Siliciumfluorid entsteht:

$$\left\{\begin{array}{l} CaF_2 + H_2SO_4 = 2\,HF + CaSO_4 \\ 4\,HF + SiO_2 = SiF_4 + 2\,H_2O\,. \end{array}\right.$$

Die Gasblasen bilden sich an den Wandungen des Glases, die beim Hin- und Herbewegen wie von einer öligen Flüssigkeit bedeckt erscheinen.

Farblose Gase oder Dämpfe.

2. *Am Glasstab entsteht kein Niederschlag.*

Die Gase oder Dämpfe können bestehen:

a) indem keine Zersetzung der freiwerdenden Säure stattfindet,

aus: 1. *Schwefeldioxyd*, erkennbar am stechenden Geruch (nach verbrennendem Schwefel); trübt Barytwasser.

Beim Erwärmen mit *konzentrierter* Schwefelsäure tritt Schwefeldioxyd vielfach als Reduktionsprodukt der Schwefelsäure auf, z. B.:

$$Cu + 2\,H_2SO_4 = CuSO_4 + SO_2 + 2\,H_2O.$$

Ob schweflige Säure aus der zu untersuchenden Substanz stammt, ergibt der Versuch mit verdünnter Schwefelsäure. (S 118)

2. *Essigsäure*, erkennbar am Geruch; übergießt man den Körper mit wenig Alkohol und hierauf mit konzentrierter Schwefelsäure, so tritt beim Erwärmen der fruchtartige Geruch nach Essigäther auf.

3. *Kohlendioxyd,* geruchlos, trübt Barytwasser; Carbonate brausen mit Salzsäure auf. *Oxalate* entwickeln zugleich Kohlenoxyd (vgl. 7).
4. *Salpetersäure.* Beim Erwärmen mit konzentrierter Schwefelsäure und Eisenvitriol oder Kupfer treten rotbraun gefärbte Stickstoffoxyde auf.

b) indem eine Zersetzung der vorhandenen Säure stattfindet,

5. *Sauerstoff*

bei Gegenwart von: *Peroxyden, Chromaten, Permanganaten,* z. B.:

$$2K_2Cr_2O_7 + 8H_2SO_4 = 2Cr_2(SO_4)_3 + 2K_2SO_4 + 8H_2O + 3O_2 .$$

Aus Permanganaten, deren Abwesenheit die Phosphorsalzperle (vgl. S. 22) leicht ergibt, scheidet sich zunächst Permangansäureanhydrid ab, das unter Detonation (**Vorsicht!**) in Sauerstoff und Manganperoxyd zerfällt:

$$2KMnO_4 + H_2SO_4 = K_2SO_4 + Mn_2O_7 + H_2O$$
$$Mn_2O_7 = 2MnO_2 + 3O .$$

6. *Kohlenoxyd,* brennt mit blauer Flamme:

Cyanide, Ferro- und *Ferricyanide,* z. B.:

$$K_4Fe(CN)_6 + 6H_2SO_4 + 6H_2O = 2K_2SO_4 + FeSO_4 + 3(NH_4)_2SO_4 + 6CO$$

Der Nachweis der *Cyangruppe* ist wichtig, weil bei Gegenwart von Cyaniden *Kupfersalze nicht* durch Schwefelwasserstoff, *Quecksilbersaxe nicht* durch die Alkalien gefällt werden; weil das *Eisen* in den *Ferrocyanverbindungen weder* durch Schwefelammonium *noch* durch die Alkalien abgeschieden wird usw. Der *Sodaauszug* (S. 118) gibt die Berlinerblaureaktion.

7. *Kohlenoxyd* und *Kohlendioxyd,* Oxalsäure und Oxalate, z. B.:

$$K_2C_2O_4 + H_2SO_4 = K_2SO_4 + H_2O + CO_2 + CO .$$

Der Nachweis von Oxalsäure ist wichtig, weil die *Oxalate* der *alkalischen* Erden und Magnesiumoxalate durch Ammoniak usw. auch bei Gegenwart von Salmiak gefällt werden. Der *Sodaauszug* (S. 118) gibt, nach dem Ansäuern durch Essigsäure mit Gipswasser versetzt, eine Trübung. Diese Trübung ist bei Abwesenheit von schwefliger Säure und Fluorwasserstoff für den Nachweis von Oxalsäure entscheidend.

8. *Brenzlicht riechende Dämpfe* unter gleichzeitiger *Schwärzung* (Abscheidung von Kohlenstoff und Entwicklung von Schwefeldioxyd):

Weinsäure und ihre Salze (Tartrate) und viele andere organische Körper

$$C + 2H_2SO_4 = 2SO_2 + CO_2 + 2H_2O$$

Der Nachweis von *Weinsäure* ist wichtig, weil bei Gegenwart derselben: Kupfersalze nicht durch *Natronlauge* gefällt werden. Die Fällung von Eisen-, Aluminium- und Chromsalzen durch *Ammoniak* usw. beeinflußt wird.

Keine Gase oder Dämpfe.

C. Es entwickelt sich kein Gas oder Dampf:

bei Gegenwart von:

1. *Sulfaten:* Heparreaktion mit der ursprünglichen Substanz;
2. *Phosphaten:* mit konz. Schwefelsäure fahle Flammenfärbung; mit Kobaltlösung auf Kohle blaues Glas oder blaue unschmelzbare Masse;
3. *Borate,* ebenso, die Flammenfärbung ist rein grün; reagiert mit Curcumapapier (S. 148);
4. *Arseniate,* beim Erhitzen des Körpers auf Kohle tritt Knoblauchgeruch auf;
5. *Silikate,* Kieselskelett in der Phosphorsalzperle.

Dem Zwecke der Vorprüfung würde es nicht entsprechen, solche Körper, deren *äußere Beschaffenheit* bereits bestimmte Schlüsse über ihre Zugehörigkeit erkennen läßt, *schematisch* allen vorstehend beschriebenen Operationen zu unterwerfen. Hierher gehören die regulinischen Metalle und Legierungen, Elemente wie Schwefel, Jod, Kohle usw. Vermutet man solche Körper, so prüft man direkt auf ihre charakteristischen Eigenschaften, Schwefel z. B. auf Flüchtigkeit und Brennbarkeit; Metalle und Legierungen erhitzt man vor dem Lötrohr auf Kohle und erfährt hierbei, ob leicht oder schwer schmelzbare, flüchtige (Beschlag) oder nicht flüchtige Metalle vorliegen oder ob der Metallglanz zu einer Täuschung (Schwefelkies, Bleiglanz, Massivgold usw.) Veranlassung gab.

II. Auflösung und Aufschließung fester Körper.

Nach beendeter Vorprüfung ist die zu untersuchende Substanz in Lösung zu bringen, entweder

1. durch die üblichen Lösungsmittel: Wasser, Salzsäure und Salpetersäure *(Auflösung)*, oder
2. auf feurig flüssigem Wege durch Schmelzen mit Soda, oder in anderer geeigneter Weise *(Aufschließung.)*

1. Auflösung.

Wenn weder die äußere Beschaffenheit von vornherein noch die Vorprüfung bestimmte Anhaltspunkte bieten, versuche nicht zuviel, etwa 1 g, von der Substanz im Probierglas zunächst durch *Wasser- Salzsäure* oder *Salpetersäure* in Lösung zu bringen.

Die Lösungsmittel sind jedes für sich in der angegebenen Reihenfolge anzuwenden; hierbei ist zu beachten, ob sich *ein Teil* des zu untersuchenden Körpers löst, oder ob derselbe den Lösungsmitteln widersteht. Geht ein Teil in Lösung, so filtriere und behandle den ungelöst gebliebenen Rückstand in geeigneter Weise (S. 38) weiter. *Die einzelnen Lösungen sind getrennt zu untersuchen.* Hierdurch wird die Analyse in vielen Fällen erleichtert und Aufschluß über die näheren Beziehungen, in welchen die einzelnen Bestandteile der zu untersuchenden Substanz zueinander stehen, erhalten.

In **Wasser** sind leicht löslich: die Salze der *Alkalien*, die *Nitrate* (mit Ausnahme weniger basischer Salze (z. B. $BiONO_3$), die *Chloride* (mit Ausnahme des Silber-, Mercuro-, Wismutyl- und Antimonylchlorids), der *Schwefelsäure* (mit Ausnahme der Sulfate der alkalischen Erden und des Bleis) usw. Manche Stoffe sind in heißem *Wasser.*

Wasser erheblich leichter löslich, als in kaltem und scheiden sich beim Erkalten der Lösung krystallinisch aus, z. B. Chlorblei.

Bisweilen bleibt es zweifelhaft, ob sich ein Teil gelöst hat. In solchen Fällen filtriere einige Tropfen ab und dampfe auf einem Glasscherben ein. Bleibt ein greifbarer Rückstand, so untersuche Filtrat und Rückstand für sich. Es gibt kein einfacheres Trennungsmittel, wie Wasser.

Wasser vermag auch infolge *hydrolytischer* Wirkung (Hydrolyse S. 11) in einer klaren Lösung die Entstehung eines Niederschlags zu verursachen. So fällt z. B. aus einer Lösung von Wismutchlorid durch Wasser unlösliches Wismuthylchlorid (unter gleichzeitiger Bildung freier Säure) aus:

$$BiCl_3 + H_2O = BiOCl + 2HCl.$$

Antimon- und Zinnsalze verhalten sich ähnlich.

Ferner werden durch Wasser äußerst energisch *die Metalle der Alkalien* und *alkal. Erden* in die entsprechenden Basen, und viele *Verbindungen der Nichtmetalle untereinander*, wie PCl_5 PBr_3, S_2Cl_2 usw. (diese Verbindungen rauchen an der Luft) in die entsprechenden Säuren verwandelt, z. B.:

$$2Na + 2H_2O = 2NaOH + H_2$$
$$PCl_5 + 4H_2O = H_3PO_4 + 5HCl.$$

Salzsäure. **Salzsäure** (verdünnte) löst einige Metalle (z. B. Zink, Eisen), viele Metalloxyde, Phosphate, Oxalate usw. Auf die Carbonate, Sulfite, sowie auf einige Sulfide und Cyanide wirkt Salzsäure unter Gasentwicklung zersetzend ein, z. B.:

$$Zn + 2HCl = ZnCl_2 + H_2$$
$$CaCO_3 + 2HCl = CaCl_2 + CO_2 + H_2O$$
$$Na_2SO_3 + 2HCl = 2NaCl + SO_2 + H_2O$$
$$FeS + 2HCl = FeCl_2 + H_2S$$
$$KCN + HCl = KCl + CNH.$$

Die Art der gasförmigen Produkte ist festzustellen (vgl. Tab. III).

Salzsäure (konzentrierte) löst Superoxyde unter Entwicklung von Chlor, z. B.:

$$MnO_2 + 4HCl = MnCl_2 + Cl_2 + 2H_2O.$$

Salpetersäure ist das geeignetste Lösungsmittel für Metalle und Legierungen, sowie für Schwefelmetalle, welche durch Salzsäure nicht zersetzt werden (nur Quecksilbersulfid wird nicht gelöst). *Salpetersäure*

Die Wirkung der Salpetersäure auf Metalle läßt sich schematisch zerlegen in eine:

1. *Oxydierende*, z. B.

$$3\,Cu + 2\,HNO_3 = 3\,CuO + 2\,NO + H_2O\,,$$

2. *salzbildende*

$$3\,CuO + 6\,HNO_3 = 3\,Cu(NO_3)_2 + 3\,H_2O\,.$$

Beide Vorgänge finden jedoch *nicht* nacheinander, sondern gleichzeitig statt. Die Addition beider Formeln gibt somit die Reaktionsgleichung:

$$3\,Cu + 8\,HNO_3 = 3\,Cu(NO_3)_2 + 2\,NO + 4\,H_2O$$

Wenn Salpetersäure *oxydierend* wirkt, treten *stets rotbraune Dämpfe* auf. 2 Molekel Salpetersäure geben in der Regel 3 Atome Sauerstoff ab, daneben entsteht eine niedere Oxydationsstufe des Stickstoffs (Stickoxyd NO) und Wasser:

$$2\,HNO_3 = 3\,O + 2\,NO + H_2O\,.$$

Stickoxyd ist zwar ein farbloses Gas, sobald es jedoch an die Luft kommt, geht es sofort in das rotbraune Stickstoffdioxyd über:

$$2\,NO_2 + O_2 = 2\,NO\,.$$

Reaktionen, bei denen Salpetersäure oxydierend wirkt, sind erst als *beendet* zu betrachten, wenn braune Dämpfe *nicht mehr* auftreten.

Salpetersäure löst Silber und alle unedlen Metalle, mit Ausnahme von Zinn und Antimon[1], welche in unlösliche Oxyde übergehen; dieselben sind nach dem Abfiltrieren und sorgfältigen Auswaschen in *gelbem Schwefelammonium* löslich.

Die Schwefelmetalle verhalten sich gegen Salpetersäure wie die Metalle, der Schwefel wird abgeschieden, z. B.:

$$3\,CuS + 8\,HNO_3 = 3\,Cu(NO_3)_2 + 2\,NO + 4\,H_2O + 3\,S.$$

[1] Auf Gold, Platin usw. ist in dieser Anleitung nicht Rücksicht genommen.

Die einzelnen Schwefelteilchen erweichen beim Kochen und schließen, indem sie sich vereinigen, leicht noch unverändertes Schwefelmetall ein, wodurch die vollständige Zersetzung desselben erschwert wird. Der abgeschiedene Schwefel erscheint daher oft grau, braun oder schwärzlich gefärbt. Bei andauernder Einwirkung von konz. Salpetersäure wird der Schwefel teilweise oder vollständig zu Schwefelsäure oxydiert:

$$S + 2HNO_3 = H_2SO_4 + 2NO,$$

welche bei gleichzeitiger Anwesenheit von Blei die Bildung von unlöslichem, weißem Bleisulfat veranlaßt.

Wende konz. Salpetersäure stets *nur in möglichst geringen* Mengen an. Nach der Auflösung ist der Überschuß der Salpetersäure durch Eindampfen zu verjagen, bevor zur weiteren Untersuchung der Lösung Schwefelwasserstoff zur Anwendung gelangt.

Königswasser. Eine Mischung von konz. Salzsäure und konz. Salpetersäure:

$$3HCl + HNO_3 = 3Cl + NO + 2H_2O$$

wird seit alters her *Königswasser* genannt, weil sie auch Gold, den „König der Metalle", löst. *Königswasser* führt *Quecksilbersulfid*, *Quecksilberchlorür* und *Zinnsulfid* (in Form von Mussivgold), in lösliche Choride über, es ist *nur* anzuwenden, wenn die Vorprüfung auf diese Stoffe hinweist.

2. Aufschließung.

Widersteht ein Körper den genannten Lösungsmitteln ganz oder teilweise, so ist, sofern ein erheblicher Teil in Lösung ging, mit dem Rückstand die Vorprüfung zu wiederholen, die sich nun einfacher gestaltet. Insbesondere ist der Rückstand auch auf Brennbarkeit (Schwefel, Kohle usw.) zu prüfen und hierauf das Nichtbrennbare aufzuschließen.

Die Art der Aufschließung hängt von dem *Ergebnis der Vorprüfung* ab. Ergab dieselbe:

Aufschließung der Sulfate der alkal. Erden

1. **Hepar ohne Metallkörner** (*schwefelsaure Salze der alkalischen Erden*), so ist

entweder

a) mit *Sodalösung auszukochen* (der „Sodaauszug" [vgl. S. 118] dient ganz allgemein zum Nachweis der Anionen von in Wasser unlöslichen Substanzen)

oder

b) mit *Soda zu schmelzen.*

Erhitze die *feingepulverte* Substanz, mit der vierfachen Menge Natriumcarbonat innig vermischt, in einem Platintiegel über der Flamme (oder im elektrischen Öfchen) so lange, bis in der feurigflüssigen Masse Gasblasen nicht mehr aufsteigen. Beim Ausziehen der Schmelze mit Wasser geht die in der zu untersuchenden Substanz enthaltene Säure als Natronsalz (neben der überschüssigen Soda) in Lösung, die Base bleibt als Carbonat ungelöst, z. B:

$$BaSO_4 + Na_2CO_3 = BaCO_3 + Na_2SO_4 .$$

Zur jedesmaligen Auskochung ist *nur wenig* Wasser, zum Filtrieren ein *kleines* Filter zu verwenden, damit die Lösung, in welcher die Säure nachzuweisen ist, nicht durch das Waschwasser zu stark verdünnt werde. Das Auswaschen ist so lange fortzusetzen, bis in dem zuletzt abgelaufenen Filtrat die durch die Vorprüfung angezeigte Säure nicht mehr nachweisbar ist, oder ein Tropfen des Filtrats, auf einem Glasscherben verdampft, keinen Rückstand mehr hinterläßt.

Das Aufschließen läßt sich auch in der Platinspirale (nach *Bunsen*) bewerkstelligen.

Ein 150 mm langer, 0,5 mm dicker Platindraht wird durch Aufwinden um einen Glasstab zu einer Spirale gebogen, welche fünf 1 mm voneinander abstehende Windungen von 4 mm Durchmesser hat. Die Spirale dient zur Aufnahme der Substanz, die vorher *möglichst fein zu pulvern* und mit der zwei- bis dreifachen Menge Soda innig zu mischen ist. Die Aufschließung geschieht in dem oberen Oxydationsraum der Flamme des Bunsen-Brenners oder (schneller) des Gebläses, indem man die zum Glühen erhitzte Spirale in die Mischung taucht, das Haftengebliebene zum Schmelzen bringt und diese Operationen so lange wiederholt, bis die ganze Spirale mit der geschmolzenen Masse angefüllt ist. Hierauf entleert man den noch feurig flüssigen Inhalt der Spirale, indem man die Finger, welche den Draht in nicht zu weitem Abstand von der mit der Öffnung nach unten gekehrten Spirale festhalten, gegen den Rand eines Porzellanmörsers stößt. Die hierdurch in Gestalt kleiner Kugeln abgeschleuderte Schmelze wird zerrieben und mit Wasser wiederholt ausgekocht.

Aufschließung der Silicate. 2. **Kieselskelett in der Phosphorsalzperle und blaue Schmelze mit Kobaltlösung** (*Silicate*), so geschieht das Aufschließen:

a) *Bei zersetzbaren Silicaten* (Zeolithen, Schlacken) durch längeres Erwärmen der *feingepulverten* Substanz mit Salzsäure in einer Porzellanschale, bis das beim Umrühren mit dem Glasstab anfangs auftretende knirschende Geräusch verschwunden und nur flockige oder gallertartige Kieselsäure vorhanden ist.

Bei Anwendung von verdünnter Salzsäure kann es sich ereignen, daß alle Kieselsäure in Lösung geht.

Die mit der Kieselsäure verbunden gewesenen Metalle befinden sich alsdann als Chloride in Lösung.

$$CaSiO_3 + 2\,HCl = H_2SiO_3 + CaCl_2.$$

Da stets ein Teil der Kieselsäure gelöst bleibt, dampfe (ohne zu filtrieren) auf dem Wasserbade zur staubigen Trockne ein, wobei die Kieselsäure vollständig in unlösliches Anhydrid übergeht:

$$H_2SiO_3 = SiO_2 + H_2O.$$

Nach dem Befeuchten mit konz. Salzsäure ziehe den Rückstand mit Wasser aus und ermittele im Filtrat die Metalle.

b) *Bei nicht zersetzbaren Silicaten* durch Schmelzen der feingepulverten Substanz mit Soda nach 1b im Platintiegel (oder in der Platinspirale und Behandeln der mit Wasser aufgeweichten Schmelze nach 2a).

c) *Zum Nachweis der Alkalien* durch Behandeln der *äußerst feingepulverten* Substanz mit Flußsäure oder (besser) Fluorammonium im Platintiegel.

Die Substanz wird mit Fluorammonium möglichst innig gemischt und zunächst längere Zeit gelinde erwärmt, dann fügt man einige Tropfen Schwefelsäure hinzu und steigert die Hitze allmählich, bis der Überschuß der Schwefelsäure *fast* vollständig verjagt ist. Oder man behandelt die mit konz. Schwefelsäure befeuchtete Substanz auf dem Wasserbade so lange mit Flußsäure, bis sich nach dem Abrauchen der Säure alles löst.

$$2\,KAlSi_3O_8 + 24\,HFl + 4\,H_2SO_4 = K_2SO_4 + Al_2(SO_4)_3 + 6\,SiFl_4 + 16\,H_2O.$$

Die Lösung des Rückstandes in Wasser enthält die Basen als Sulfate.

Bei Gegenwart von alkalischen Erden und Blei ist vollständige Lösung nicht zu erwarten.

3. **Kieselsäure am befeuchteten Glasstabe beim Behandeln mit konz. Schwefelsäure im Probierglase** (*Fluor- und Kieselfluormetalle*), so ist der Körper durch Erwärmen mit konz. Schwefelsäure in einer Platinschale zu zersetzen oder nach 1b aufzuschließen. *Aufschließung: der Fluor- und Kieselfluormetalle.*

4. **Metall und Chlor, Jod, Brom oder Hepar** (*Halogensalze des Silbers und Bleis; Bleisulfat*). Bleiverbindungen lassen sich durch Kochen mit Natronlauge ausziehen. *der Haloidverb. des Silbers und Bleis; Bleisulfat.*

$$3\,PbSO_4 + 3\,Na_2CO_3 + H_2O = 2\,PbCO_3, Pb(OH)_2 + 3\,Na_2SO_4 + CO_2.$$

Ist Silber vorhanden, so übergieße die Substanz in einer Porzellanschale mit etwas verdünnter Schwefelsäure und füge ein Stück Zink hinzu. Nach beendeter Reduktion entferne das nicht verbrauchte Zink und filtriere das fein verteilte, schwarze Silber ab:

$$2\,AgJ + Zn + H_2SO_4 = 2\,Ag + 2\,HJ + ZnSO_4.$$

5. Unlösliche Substanzen können ferner bestehen aus:

Zinnoxyd, weiß (*duktile Metallkörner; mit Kobaltlösung grüne Masse*) ist durch Erhitzen mit Soda und Schwefel (1:2) im bedeckten Porzellantiegel (bis der Schwefel abgebrannt ist), in wasserlösliches *Natriumsulfostannat* überzuführen; oder durch Schmelzen mit Cyankalium im Porzellantiegel zu Metall zu reduzieren.

Eisenoxyd, braun (*Phosphorsalzperle* heiß: *braun*) und

Aluminiumoxyd, weiß (*mit Kobaltlösung blaue Masse*) lösen sich nach dem Schmelzen mit Kaliumbisulfat in Salzsäure.

Chromoxyd, grün (*grüne Phosphorsalzperle*). Mische in einem Nickeltiegel[1]) unter Anwendung eines Nickelspatels mit der 10fachen Menge *Natriumperoxyd* und erhitze *vorsichtig*, bis die Schmelze sich im ruhigen Fluß befindet. Nach *dem Erkalten* löse *vorsichtig*[2]) in Wasser. Die Lösung enthält Chromat:

$$Cr_2O_3 + 3\,Na_2O_2 = 2\,Na_2CrO_4 + Na_2O\,.$$

Das Aufschließen kann auch mit einem Gemisch von Soda und Salpeter (1 : 1) erfolgen.

Cyanide, Ferro- und Ferricyanide (meist gefärbt) werden im Porzellanschälchen mit wenig konz. Schwefelsäure zunächst gelinde, dann zum Vertreiben der überschüssigen Schwefelsäure stärker erhitzt. Der Kohlenstoff der Cyangruppe geht hierbei in Kohlenoxyd, der Stickstoff in Ammoniak über (vgl. S. 33 u. S. 28.)

---

[1]) Platin wird durch schmelzendes Alkali angegriffen. Vom Porzellantiegel geht Kieselsäure aus der Glasur in die Schmelze über.

[2]) Wasser reagiert sehr energisch mit Natriumoxyd. Es tritt daher leicht ein Verspritzen der ätzenden Lösung ein; also nicht das Gesicht nähern, wie es beim Gebrauch der Spritzflasche unvermeidlich sein würde.

III. Aufsuchung der Kationen (Metallionen).[1]

(Analyse auf nassem Wege.)

A. Allgemeines.

Aus der zu untersuchenden Lösung werden mit Hilfe der Scheidungsmittel oder Reagenzien (Lösungen von Salzen, Säuren oder Basen), *deren Zusammensetzung bekannt* ist (vgl. den Anhang), die unbekannten Stoffe in Form von Niederschlägen abgeschieden. Diese Reaktionen spielen sich beim Zusammenmischen der Lösungen unter den in ihnen enthaltenen Ionen, die hierbei als selbständige Stoffe auftreten, ab. Die Niederschläge enthalten in der Regel, sofern es sich um die Aufsuchung von Kationen handelt, das *gesuchte Kation* und das *bekannte in dem Reagens enthaltene Anion*, oder bestehen, wenn das Reagens eine Hydroxylverbindung (Base) ist, aus einem Hydroxyd. Aus den Eigenschaften und dem Verhalten einer genügenden Anzahl solcher Niederschläge, welche immer *dasselbe* unbekannte Kation und eine Reihe verschiedener *bekannter Anionen* enthalten, wird das gesuchte Kation erkannt.

Allgemeine und spezielle Reagenzien. Diejenigen Reagenzien, welche mit einer größeren Anzahl verwandter Kationen Niederschläge erzeugen, unterscheidet man als *allgemeine Reagenzien* von solchen, welche unter den gegebenen Verhältnissen nur mit einem bestimmten Kation reagieren und *spezielle* oder *charakteristische Reagenzien* genannt werden. Indem man bei der Analyse zunächst die allgemeinen Reagenzien zur Anwendung bringt, lassen sich die vorhandenen

[1] Eine scharfe Trennung der Aufsuchung von Kationen und Anionen ist nicht durchführbar. In diesem Teil sind daher auch einige Anionen, soweit es für das praktische Arbeiten angezeigt erschien, aufgenommen.

Kationen in Gruppen trennen, welche weiter in Unterabteilungen geschieden werden, bis es möglich ist, durch spezielle Reagenzien die einzelnen Kationen mit Sicherheit zu erkennen.

Bei der Auswahl der Reagenzien sind wir bedacht, Niederschläge von möglichst geringer Löslichkeit herbeizuführen, so daß sie als *praktisch unlöslich* betrachtet werden können. Die meisten Reaktionen gehen in unmeßbar kurzer Zeit zu Ende. Bei den wenigen langsamer verlaufenden Vorgängen, z. B. wenn die Abscheidung krystallinisch erfolgt, oder der Niederschlag nicht ganz unlöslich ist, läßt sich die Reaktionsgeschwindigkeit durch Erwärmen erheblich steigern. Die Bildung von Niederschlägen erfolgt in der Regel durch Austausch der Kationen und Anionen. Außer diesem einfachen Vorgang sind noch anderweitige Reaktionen zu beachten, die sich durch Gasentwicklung (Aufbrausen) oder durch Farbenänderung der Lösung zu erkennen geben. Hierher gehören insbesondere die *Oxydations-* und *Reduktionsvorgänge.*

Es ist zu beachten, daß die Kationen bei der Oxydation in eine *höhere,* bei der Reduktion in eine *niedrigere Wertigkeitsstufe* übergehen und hierbei zugleich ihr *analytisches Verhalten ändern* (vgl. S. 10).

Trennung der Basen in drei Hauptgruppen.

Zur Trennung der Kationen in *drei Hauptgruppen* bedient man sich allgemein des *Schwefelwasserstoffs,* mit Hilfe dessen die Schwefelverbindungen *sämtlicher* Schwermetalle (mit Ausnahme des *Chroms* und *Aluminiums*) darstellbar sind. Ein Teil der Schwefelmetalle entsteht nur in *saurer* Lösung — die Schwefelmetalle sind in verdünnten Säuren unlöslich und bilden die *erste Hauptgruppe* —, der andere Teil in *alkalischer* Lösung — die Schwefelmetalle sind entweder unlöslich: *zweite Hauptgruppe* — oder löslich: *dritte Hauptgruppe.*

Aus Lösungen, welche *Chromoxyd-* oder *Aluminium-*Salze enthalten, werden durch Ammoniak, bzw. Schwefelammonium, die entsprechenden *Oxydhydrate* gefällt; sie sind der zweiten Hauptgruppe, in der sie eine besondere Abteilung bilden, zugeteilt.

Erste Hauptgruppe.

<table>
<tr><td rowspan="7">*Weder* durch *Schwefelwasserstoff* in *saurer*, noch durch *Schwefelammonium* in *alkalischer* bzw. neutraler Lösung fällbar.</td><td rowspan="3">A. Alkalien</td><td>**Kalium**</td><td rowspan="3">*weder* durch Ammoniumcarbonat *noch* durch Natriumphosphat fällbar.</td></tr>
<tr><td>**Natrium**</td></tr>
<tr><td>**Ammonium**</td></tr>
<tr><td>B.</td><td>**Magnesium**</td><td>durch *Natriumphosphat* fällbar; bei Gegenw. von Salmiak durch Ammoniumcarbon. *nicht* fällbar.</td></tr>
<tr><td rowspan="3">C. Alkal. Erden</td><td>**Barium**</td><td rowspan="3">durch *Ammoniumcarbonat* (und Natriumphosphat) *auch bei Gegenw.* von Salmiak fällbar.</td></tr>
<tr><td>**Strontium**</td></tr>
<tr><td>**Calcium**</td></tr>
</table>

Zweite Hauptgruppe.

<table>
<tr><td rowspan="7">Durch *Schwefelammonium* in *alkalischer* bzw. neutraler Lösung fällbar.[1]</td><td rowspan="2">A.</td><td>**Aluminium**</td><td rowspan="2">werden als Hydroxyde gefällt.</td></tr>
<tr><td>**Chrom**</td></tr>
<tr><td rowspan="5">B.</td><td>**Eisen**</td><td rowspan="5">werden als *Schwefelmetalle* gefällt.</td></tr>
<tr><td>**Nickel**</td></tr>
<tr><td>**Kobalt**</td></tr>
<tr><td>**Mangan**</td></tr>
<tr><td>**Zink**</td></tr>
</table>

Dritte Hauptgruppe.

<table>
<tr><td rowspan="9">Durch *Schwefelwasserstoff* in *saurer* Lösung fällbar.</td><td rowspan="6">A.</td><td>**Silber**</td><td rowspan="6">Die Schwefelmetalle sind in Schwefelammonium *unlöslich.*</td></tr>
<tr><td>**Quecksilber**</td></tr>
<tr><td>**Blei**</td></tr>
<tr><td>**Kupfer**</td></tr>
<tr><td>**Cadmium**</td></tr>
<tr><td>**Wismut**</td></tr>
<tr><td rowspan="3">B.</td><td>**Arsen**</td><td rowspan="3">Die Schwefelmetalle sind in Schwefelammonium *löslich.*</td></tr>
<tr><td>**Antimon**</td></tr>
<tr><td>**Zinn**</td></tr>
</table>

[1] Über das Verhalten von Lösungen, welche *Phosphorsäure* oder *Oxalsäure* enthalten, vgl. S. 49.

Ausführung der Analyse.

Zum Ansäuern der zu untersuchenden Lösung bedient man sich am zweckmäßigsten der *Salzsäure.* Bei Gegenwart von Ionen des Silbers, des *einwertigen* Quecksilbers und des Bleis entsteht bereits beim Ansäuern mit Salzsäure ein weißer Niederschlag[1] der entsprechenden Chlormetalle. Das Filtrat ist stets *frei von Silber,* kann aber Ionen des *zweiwertigen* Quecksilbers enthalten und enthält bei Gegenwart von Bleiverbindungen immer geringe Mengen Blei.

Erste Hauptgruppe. 1. Die angesäuerte klare Lösung oder das Filtrat wird mit Schwefelwasserstoffwasser versetzt, bis die Flüssigkeit nach dem Umschütteln danach riecht, und erwärmt. Entsteht hierbei *kein Niederschlag,* so ist in der Lösung *kein Metall* der *dritten Hauptgruppe* vorhanden; entsteht ein Niederschlag, so ist derselbe abzufiltrieren und auf seine Löslichkeit in Schwefelammonium zu prüfen, um festzustellen, ob das Schwefelmetall in die Unterabteilung A oder B gehört.

Schwefelwasserstoff. Bei 17,5° C vermag das Wasser nur etwa 3 Vol. Schwefelwasserstoff zu lösen, es entspricht dies 0,4 Gewichtsprozent Schwefelwasserstoff für das bei gewöhnlicher Temperatur *gesättigte* Schwefelwasserstoffwasser. Zur vollständigen Fällung mit Schwefelwasserstoffwasser sind daher oft größere Mengen desselben erforderlich. Will man die Verdünnung vermeiden, so leitet man *Schwefelwasserstoffgas* in die Lösung.[2]

Zur Prüfung der Löslichkeit des Niederschlags in Schwefelammonium verwende zunächst nur einen Teil desselben. Ergibt sich hierbei, daß gleichzeitig Schwefelmetalle aus

[1] Der Niederschlag entsteht nicht, wenn nur wenig Blei vorhanden ist oder wenn man zum Ansäuern Salpetersäure verwendet: reagiert die wäßrige Lösung alkalisch, dann können Niederschläge auch entstehen bei Gegenwart von: Borarten, Silicaten, Stannaten, Antimoniaten, Hyposulfiten, Polysulfiden usw. (Vgl. Aufsuchung der Anionen.) Tritt beim Ansäuern eine Gasentwicklung auf, so beachte 1, A, S. 118.

[2] Dies empfiehlt sich auch, wenn die Vorprüfung *Arsen* vermuten läßt (vgl. 1, b, S. 108).

Unterabteilung A und B vorhanden sind, so ist die ganze Menge des Niederschlags mit Schwefelammonium zu behandeln. Zu diesem Zwecke bringt man (nach *Bunsen*) den sorgfältig ausgewaschenen Niederschlag in eine trockene Porzellanschale, indem man das Filter auseinander breitet und die Seite desselben, auf welcher sich der Niederschlag befindet, möglichst glatt an die Wandung der Schale anlegt. Drückt man auf den Teil des Filters, unter welchem der Niederschlag liegt, wiederholt trockenes Filtrierpapier und zieht hierauf das Filter von der Schale ab, so bleibt der Niederschlag fast vollständig an der Schale haften. (Diese Manipulation wird mit „Abklatschen“ bezeichnet.)

Tritt auf Zusatz von Schwefelwasserstoff nur eine weiße milchige Trübung der Lösung ein, aus welcher sich beim Erwärmen keine deutlich erkennbaren Flocken absetzen, so deutet dieses Verhalten auf eine Abscheidung von *Schwefel*. Eine Abscheidung von Schwefel findet statt, wenn die Lösung Metallionen (oder Säureionen) enthält, welche auf Schwefelwasserstoff oxydierend wirken:

$$H_2S + O = S + H_2O\,.$$

Der Schwefel scheidet sich in äußerst fein verteiltem Zustande aus und geht mit durchs Filter. Ein klares Filtrat erhält man erst nach längerem Kochen der trüben Flüssigkeit und wiederholtem Filtrieren durch dasselbe Filter.

Anmerk. Ist die ursprüngliche Lösung gelb, orange oder rot gefärbt (Chromate, Permanganate), so ist darauf zu achten, daß beim Einleiten von Schwefelwasserstoff die Lösung hinreichend sauer bleibt. In solchen Fällen, ebenso, wenn Arsensäure vermutet wird, empfiehlt es sich, die Lösung zunächst mit einigen Tropfen schwefliger Säure (nicht zu viel! warum?) zu versetzen, zu erwärmen, bis ein Farbenumschlag eingetreten ist und dann erst mit Schwefelwasserstoff zu behandeln.

Der in Schwefelammonium unlösliche Teil ist mit Salpetersäure zu behandeln.

Bringe denselben durch Abklatschen in eine Porzellanschale und übergieße ihn mit *wenigen* Tropfen konz. Salpetersäure. Hierbei scheidet sich Schwefel ab (vgl. S. 37 unten), der beim Erwärmen erweicht und sich mit einem Glasstab als zusammenhängende Masse aus der Lösung entfernen läßt. Man kann den

Schwefel nach dem Abspülen mit Wasser mit den Fingern leicht zu einem dünnen Faden ausrollen und an der Flamme entzünden. Lege den brennenden Schwefel auf einen von einer zerbrochenen dünnwandigen Kochflasche herrührenden Glasscherben und erhitze, bis der Geruch nach Schwefeldioxyd nicht mehr wahrnehmbar ist. Bleibt ein von eingeschlossenem Schwefelmetall herrührender Rückstand, so ist derselbe in einem Tropfen Salpetersäure zu lösen und mit der Lösung in der Porzellanschale zu vereinigen. Auch durch Erhitzen im Glühröhrchen lassen sich Einschlüsse leicht vom Schwefel, der sich als gelbes Sublimat an den Wandungen des Röhrchens absetzt, trennen.

Über das Verhalten von *Quecksilber-* und *Bleisulfid* vgl. S. 38.

Zweite Hauptgruppe. 2. Das Filtrat vom Schwefelwasserstoffniederschlag, bzw. die klar gebliebene Lösung ist *nach Zusatz von Salmiak* mit Ammoniak alkalisch zu machen und hierauf mit Schwefelwasserstoff oder *besser Schwefelammonium* zu versetzen. Bleibt die Flüssigkeit klar, so ist in derselben *kein Metall* der zweiten Hauptgruppe vorhanden.

Schwefelammonium. Gibt man Schwefelwasserstoffwasser zu einer ammoniakalischen Lösung, so entsteht Schwefelammonium:

$$H_2S + 2\,NH_4HO = (NH_4)_2S + 2\,H_2O\,,$$

welches in Wasser leicht löslich ist. Es ist somit möglich, eine viel konzentriertere Lösung von Schwefelammonium, als von Schwefelwasserstoff zur Anwendung zu bringen; man benutzt daher in der Regel Schwefelammonium.

Der *Zusatz von Salmiak* erfolgt, um das vorzeitige Ausfallen von M a g n e s i u m zu verhindern.

Entsteht bereits auf Zusatz von A m m o n i a k ein Niederschlag, so beachte dies, versetze aber trotzdem mit S c h w e f e l a m m o n i u m und siehe zu, ob hierbei eine Veränderung in der Beschaffenheit des Niederschlags (Umwandlung in Schwefelmetall) eintritt.

Der auf Zusatz von Ammoniak eintretende Niederschlag kann bestehen:

a) aus *Hydroxyd.* Aluminium- und Chromhydroxyd werden durch Schwefelammonium nicht verändert. Beim Auflösen des ausgewaschenen Niederschlags in Salzsäure findet keine Entwicklung von Schwefelwasserstoff statt;

b) aus mehr oder weniger (der Menge des in der Lösung noch vorhanden gewesenen Schwefelwasserstoff entsprechend) *Schwefelmetall*. Auf Zusatz von Schwefelammonium findet eine Vermehrung des Niederschlags statt;

c) *bei Gegenwart von Phosphorsäure* oder *Oxalsäure* (welche in der Vorprüfung zu erkennen sind), ohne daß eine Veränderung des Niederschlags durch Schwefelammonium stattfindet aus *Phosphaten* oder *Oxalaten* der *alkalischen Erden*, des *Magnesiums*, oder der Metalle der zweiten Hauptgruppe. (Vgl. S. 86.)

Der nach Zusatz von Schwefelammonium entstandene Niederschlag ist aufzukochen, abzufiltrieren und nach dem Auswaschen in *Salzsäure* zu lösen.

Man verfährt zweckmäßig so, daß man etwa 5 ccm verdünnter Salzsäure, der man bei *voluminösen* Niederschlägen, die viel Flüssigkeit zurückhalten (z. B. Aluminiumhydroxyd), um die hierdurch bedingte Verdünnung auszugleichen, etwas konz. Salzsäure zufügt, zunächst im Probierglas erwärmt und alsdann über den auf dem Filter befindlichen Niederschlag gießt. Hierbei wird die Salzsäure in ihrer Wirkung in der Regel nicht erschöpft, man bringt daher die abgelaufene Lösung von neuem auf das Filter und fährt damit fort, bis alles gelöst ist, oder keine weitere Veränderung des (schwarzen) Rückstandes eintritt. Liegt ein Schwefelmetall vor, so entweicht der frei werdende Schwefelwasserstoff zum Teil in die Luft, zum Teil *geht er in die Lösung über*. Zur Zerstörung des in die Lösung übergegangenen Schwefelwasserstoffs fügt man zu derselben wenige Tropfen *konz. Salpetersäure* und kocht, bis der Geruch nach Schwefelwasserstoff *vollständig* verschwunden ist. Das Kochen mit Salpetersäure bezweckt auch — *zweiwertiges Eisen*, welches die Lösung des Niederschlags in Salzsäure bei Gegenwart von Eisen stets enthält, in *dreiwertiges Eisen* überzuführen. In diesem Falle wird die Lösung gelb. Vgl. S. 74.

Ist das Filtrat von dem durch Schwefelammonium entstandenen Niederschlag *schwarzbraun* gefärbt, so ist *Nickel* zugegen. Ein beim Behandeln des Niederschlags mit Salzsäure bleibender schwarzer Rückstand (*Nickel-, Kobaltsulfid*) ist in *Salpetersäure* löslich.

Dritte Hauptgruppe.

3. Das Filtrat von dem Schwefelammonium-Niederschlage bzw. die klargebliebene Lösung kann nur noch Metalle *der dritten Hauptgruppe* enthalten. Durch

Zusatz von *Ammoniumcarbonat* lassen sich die alkalischen Erden von den Alkalien und vom Magnesium trennen usw.

Die weitere Trennuug der einzelnen Metalle voneinander ist auf der **zweiten Tabelle** schematisch zusammengestellt und aus derselben zu ersehen. Die Anwesenheit eines Metalls ist nur dann als *sicher erwiesen* zu betrachten, wenn *sämtliche* auf der Tabelle *und* die charakteristischen (im speziellen Teil angegebenen) Reaktionen beobachtet worden sind.

Hauptregel. Als Hauptregel bei allen analytischen Operationen ist zu beachten, daß, sobald auf Zusatz eines Reagens zu der untersuchenden Lösung eine Reaktion (Niederschlag, Farbenänderung usw.) eintritt, mit dem Zusatz des Reagens *so lange fortzufahren ist, bis keine weitere Veränderung* eintritt. Entsteht ein Niederschlag, so hat man sich stets davon zu überzeugen, ob durch weiteren Zusatz des Reagens eine Vermehrung des Niederschlags oder ein Wiederauflösen desselben stattfindet. Immerhin sind unbeschadet der vollständigen Durchführung aller Reaktionen die Reagenzien im allgemeinen sparsam zu bemessen.

Theoretisch ist eine Fällung um so vollständiger, je größer der Überschuß des Fällungsmittels ist (vgl. 14). Bei den meisten Niederschlägen genügen jedoch ziemlich kleine Überschüsse des Fällungsmittels, da die für analytische Zwecke geeignete Niederschläge schon von vornherein ein sehr kleines Löslichkeitsprodukt besitzen. Nur bei allmählich entstehenden relativ leicht löslichen Niederschlägen ist ein größerer Überschuß des Reagens geboten.

B. Spezieller Teil.

Erste Hauptgruppe.

Kalium, Natrium, Ammonium. — Magnesium. — Barium, Strontium, Calcium.

Die erste Hauptgruppe umfaßt neben Ammonium diejenigen Metalle, deren Verbindungen weder durch Schwefelwasserstoff in saurer, noch durch Schwefelammonium in alkalischer Lösung gefällt werden, nämlich:

A. *die Metalle der Alkalien* (Kalium, Natrium) und *Ammonium*,

B. *Magnesium*,

C. *die Metalle der alkalischen Erden* (Calcium, Strontium, Barium).

Die Trennung der alkalischen Erden von den Alkalien und Magnesium läßt sich leicht durch *Ammoniumcarbonat* ausführen, welches die alkalischen Erden als kohlensaure Salze fällt, während die Alkalien und, wenn die Lösung genügende Mengen Salmiak enthält, auch die Magnesiumsalze gelöst bleiben. In dem Filtrat (bzw. der Lösung), welches nur noch Alkalien oder Magnesiumsalze enthalten kann, entsteht bei Gegenwart von Magnesiumsalzen auf Zusatz von Natriumphosphat ein krystallinischer Niederschlag, bei Abwesenheit von Magnesiumsalzen bleibt die Lösung klar.

A. Die Metalle der Alkalien und Ammonium.

(*Kalium, Natrium, Ammonium.*)

Die Verbindungen der Alkalien sind mit Ausnahme der kalium- und natriumhaltigen Doppelsilicate (Gesteinsarten) löslich. Die Alkalien können daher von den übrigen Basen *nicht* in der üblichen Weise in Form eines Niederschlags getrennt werden.

Zum Nachweis des Kaliums und Natriums dienen einige wenige spezielle Reaktionen nach Entfernung anderweitig vorhandener Basen durch die allgemeinen Reagenzien (Schwefelwasserstoff, Schwefelammonium und Ammoniumcarbonat) und Entfernung der Ammoniumsalze nach dem Eindampfen der Lösung durch gelindes Glühen. Der verbleibende Rückstand kann außer Kalium und Natrium nur noch Magnesium enthalten (erkennbar durch Natriumphosphat).

Trennung der Magnesia von den Alkalien. Bei Anwesenheit von Magnesiumverbindungen versetze zur Entfernung derselben den wäßrigen Auszug des Glührückstandes mit Barytwasser bis zur alkalischen Reaktion, koche und filtriere von dem ausgeschiedenen Magnesiumhydroxyd ab. Aus dem Filtrat fälle das Barium in der Wärme durch Ammoniumcarbonat, filtriere, dampfe die Lösung zur Trockne und glühe schwach. Bleibt hierbei ein *greifbarer Rückstand*, so ist derselbe auf Kalium und Natrium zu prüfen.

1. Kalium $K = 39{,}10$.

(Einwertig.)

Kaliumhydroxyd $K(OH)$, die wäßrige Lösung heißt Kalilauge.

Löse den nach Verjagen der Ammoniumsalze erhaltenen Glührückstand in wenig Wasser[1], oder verwende, wenn der zu untersuchende Körper nicht flüchtig (*frei* von Ammoniumverbindungen) ist und weder mit Schwefelwasserstoff, Schwefelammonium, Ammoniumcarbonat und Natriumphosphat einen Niederschlag gibt, die ursprüngliche, nicht zu verdünnte wäßrige Lösung. Aus derselben fällt:

[1] Magnesiumverbindungen sind zuvor wie oben angegeben zu entfernen.

1. *Platinchlorid*[1] gelbes krystallinisches Kaliumchlorplatinat $K_2[PtCl_6]$ (vollständig auf Zusatz von Alkohol):

$$2\,KCl + H_2[PtCl_6] = K_2[PtCl_6] + 2\,HCl.$$

2. *Natriumhydrotartrat*[2] (saures weinsaures Natron) einen weißen, krystallinischen, in verdünnten Lösungen allmählich entstehenden Niederschlag von Weinstein (vollständig auf Zusatz von Alkohol):

$$KCl + HNaC_4H_4O_6 = HKC_4H_4O_6 + NaCl.$$

Zur Bereitung des Reagens löse etwas Weinsäure in wenig Wasser, teile die Lösung in zwei annähernd gleiche Teile, neutralisiere die eine Hälfte mit Natronlauge und vermische sie hierauf mit der anderen Hälfte.

3. *Natriumkobaltnitrit* einen gelben Niederschlag von $K_3[Co(NO_2)_6]$. (Vgl. bei Kobalt S. 49.)

$$3\,KCl + Na_3[Co(NO_2)_6] = K_3[Co(NO_2)_6] + 3\,NaCl.$$

Zur Bereitung des Reagens füge zu einer konzentrierten Lösung von Natriumnitrit ein annnähernd gleiches Volum Essigsäure und setze einige Tropfen Kobaltnitratlösung hinzu. Hierbei soll eine klare gelbrote Lösung entstehen.

Anmerk. Vorstehende Reaktionen sind für Kalium nur bei *Abwesenheit* von Ammoniumverbindungen entscheidend.

4. Die Kaliumverbindungen färben nichtleuchtende Flammen *violett*.

Bei gleichzeitiger Anwesenheit von selbst sehr kleinen Mengen Natrium verdeckt die gelbe Natriumflamme die violette Kaliumflamme. In diesem Falle

---

[1] Das in der Regel kurzweg mit *Platinchlorid* bezeichnete Reagens besteht aus *Platinchlorwasserstoffsäure* H_2PtCl_6.

[2] In den organischen Säuren werden *nur die Wasserstoffatome*, welche einer *Carboxylgruppe* angehören, bei der Bildung von Salzen durch Metalle vertreten. Die Weinsäure:

$$C_2H_2(OH)_2{}^{COOH}_{COOH} = {}^{H}_{H}C_4H_4O_6$$

enthält zwei Carboxylgruppen, ist daher zweibasisch und bildet zwei Reihen von Salzen. Von den Kaliumsalzen ist *nur* $CHC_4H_4O_6$, das Monokaliumtartrat schwer löslich.

läßt sich das Kalium leicht nachweisen, wenn man die Flamme durch ein mit Indiglösung gefülltes Prisma oder durch ein Kobaltglas betrachtet. Die Natriumflamme verschwindet hinter einer genügend dicken Schicht des komplementären Blaus vollständig, die Kaliumflamme erscheint *rot*. Andere flammenfärbende Stoffe dürfen nicht zugegen sein.

Das *Spektrum* der Kaliumflamme zeigt zwei charakteristische Linien, von denen die hellere im äußersten *Rot*, die andere, schwieriger erkennbare, im violetten Teil des Spektrums liegt.

Vorprüfung: a) *violette* Flammenfärbung,
b) Kaliumsalze schmelzen in der Flamme des Bunsen-Brenners.

2. Natrium *Na = 23,00*.
(Einwertig.)

Natriumhydroxyd *Na(OH)* die wäßrige Lösung heißt Natronlauge.

Zum Nachweis des Natriums dient der nach dem Verjagen der Ammoniumsalze verbleibende Glührückstand[1] oder, wenn die Lösung des zu untersuchenden nicht flüchtigen Körpers durch die Gruppenreagenzien (vgl. bei Kalium) nicht gefällt wird, die ursprüngliche Substanz.

1. Bringe eine kleine Menge des Körpers am Öhre eines Platindrahtes oder am Kaolinstäbchen (S. 20 unten) in die nichtleuchtende Flamme. Bei Gegenwart von Natriumverbindungen färbt sich die Flamme *intensiv gelb*.

Durch die gelbe Flammenfärbung lassen sich noch die geringsten Spuren Natrium nachweisen. Da das Natrium spurweise sehr verbreitet ist, beobachtet man fast stets, unmittelbar nach dem Verdampfen des Lösungsmittels, eine bald vorübergehende Gelbfärbung der Flamme.[2]

[1] Magnesiumverbindungen sind zuvor nach S. 52 zu entfernen.

[2] Drückt man z. B. das frisch ausgeglühte Ende eines Platindrahtes fest zwischen den Fingern und hält es hierauf wieder in die Flamme, so beobachtet man eine von dem Chlor-

Nur wenn die Analyse einen *greifbaren Glührückstand* ergeben hat, welcher die Flamme andauernd *intensiv* gelb färbt, ist der Schluß, daß die untersuchte Substanz *Natrium* als einen *wesentlichen* Bestandteil enthält, gerechtfertigt.

2. *Bei Abwesenheit von Kalium* ergibt sich das Vorhandensein von Natriumverbindungen *indirekt* durch das Verbleiben eines Rückstandes beim Glühen des nach der Beseitigung anderweitig vorhandener Metalle erhaltenen Verdampfungsrückstandes.

3. In nicht zu verdünnten Lösungen von Natriumsalzen entsteht auf Zusatz von *Kaliumantimoniat* $K_2H_2Sb_2O_7$ (vgl. bei Antimon S. 106) ein körnig krystallinischer Niederschlag von: $Na_2H_2Sb_2O_7, 6H_2O$.

Das Reagens ist in heißem Wasser frisch zu lösen und kalt zu verwenden. Die zu untersuchende Lösung darf nicht sauer reagieren und soll frei von Ammoniumsalzen sein.

Das *Spektrum* der Natriumflamme zeigt im kleinen Spektralapparat nur eine, aber sehr glänzende *gelbe* Linie.

Mit Hilfe derselben läßt sich noch ein Dreimillionstel Milligramm Natrium nachweisen. Der Nachweis von Natrium durch das Spektrum ist 3000mal empfindlicher als der von Kalium (*Bunsen*).

Vorprüfung: a) *gelbe* Flammenfärbung,
b) Natriumsalze schmelzen in der Flamme des Bunsen-Brenners.

3. Ammoniak (NH_3) und Ammonium- (NH_4) Verbindungen.

In wäßriger Lösung ist Ammoniak zum größten Teil als NH_3 enthalten, ein kleiner Teil nur als Ammoniumhydroxyd NH_4OH

$$NH_3 + H_2O = NH_4OH.$$

Das einwertige hypothetische Radikal (NH_4) ist in seinem chemischen Verhalten den Alkalimetallen sehr ähnlich. Die

natrium des Schweißes herrührende Gelbfärbung, die jedoch bald, wenn jene Spur Chlornatrium verdampft ist, verschwindet. — Dieselbe Erscheinung tritt ein, wenn man das Ende des Platindrahtes mit Staub in Berührung bringt usw.

wäßrige Lösung des Ammoniumhydroxyds ist jedoch in erheblich geringerem Maße in $NH_4^{\cdot}$- und OH'-Ionen dissoziiert, und daher eine viel schwächere Base, wie Kali- und Natronlauge (vgl. S. 7).

Die meisten Ammoniumsalze sind flüchtig und geben sich daher schon bei der *Vorprüfung* zu erkennen.

Enthält das Ammoniumsalz Säuren, welche Sauerstoff beim Erhitzen abgeben, so findet eine weitergehende Zersetzung statt. Ammoniumbichromat und -nitrit geben Stickstoff, Ammoniumnitrat, Stickoxydul, z. B.:

$$(NH_4)NO_2 = 2N + 2H_2O$$
$$(NH_4)NO_3 = N_2O + 2H_2O\,,$$

worauf bei der Vorprüfung zu achten ist.

1. *Die Prüfung auf Ammoniak* ist in *allen Fällen* und zwar mit der *ursprünglichen* Substanz vorzunehmen. Feste Körper werden mit gelöschtem Kalk verrieben, Lösungen mit Natronlauge übersättigt, und die Mischung im ersten Falle im Glühröhrchen, im anderen im Probierglas erwärmt:

$$(NH_4)_2SO_4 + Ca(OH)_2 =$$
$$NH_4Cl + NaOH =$$

Die entweichenden Dämpfe zeigen:

a) den charakteristischen Geruch des Ammoniaks,
b) reagieren alkalisch,
c) geben an einem mit konz. Salzsäure befeuchteten Glasstab Salmiaknebel,
d) färben mit Mercuronitratlösung (vgl. bei Quecksilber S. 91) befeuchtetes Filtrierpapier schwarz.

2. Die geringste Menge einer Ammoniumverbindung (z. B. im Trinkwasser) läßt sich durch das sogenannte *Nesslersche Reagens* nachweisen. Dasselbe besteht aus einer Lösung von Quecksilberjodid in Jodkalium, vermischt mit Kali- oder Natronlauge und erzeugt einen rostbraunen Niederschlag von Mercuroammoniumjodid:

$$NH_4Cl + 2K_2[HgJ_4] + 4KOH = NHg_2J.H_2O + 7KJ + KCl + 3H_2O.$$

Der Niederschlag ist in Ammoniak löslich, entsteht daher nur in *verdünnten* Lösungen.

3. *Platinchlorwasserstoffsäure, Mononatriumtartrat, Natriumkobaltnitrit* geben mit Ammoniumsalzen Niederschläge, welche den entsprechenden Kaliumverbindungen sehr ähnlich sind.

Vorprüfung: a) im Glühröhrchen (nicht immer) Sublimat;
b) mit Kalk erwärmt, entweicht Ammoniak.

B. Magnesium $Mg = 24{,}32$.

(Zweiwertig.)

1. *Ammoniak* bewirkt in neutralen Lösungen der Magnesiumsalze eine *teilweise* Fällung von $Mg(OH)_2$. Auf Zusatz von Salmiak (oder anderen Ammoniumsalzen) geht der Niederschlag wieder in Lösung.

Bei *Gegenwart von Ammoniumsalzen* entsteht daher in Lösungen von Magnesiumsalzen *kein* Niederschlag.[1]

Diese auffallende Erscheinung, daß die Wirkung des Ammoniaks beeinflußt wird durch seine Salze findet in dem Massenwirkungsgesetz ihre Erklärung.

Das in wäßriger Ammoniaklösung in geringer Menge befindliche Ammoniumhydroxyd ist nur wenig ionisiert, jedoch ist die Menge (Konzentration) der OH-Ionen groß genug, um aus Magnesiumsalzen Magnesiumhydroxyd auszufällen:

$$Mg^{\cdot\cdot} + 2\,OH' = Mg(OH)_2,$$

weil das Löslichkeitsprodukt des in Wasser sehr schwer löslichen $Mg(OH)_2$ überschritten wird.

In der wäßrigen Lösung des Ammoniaks besteht zwischen

[1] Aus diesem Grunde ist, um das vorzeitige teilweise Ausfallen des Magnesiums zu verhüten, vor dem Zusatz von Ammoniak (Tab. II Niederschlag durch Schwefelammonium) *Salmiak* zu der zu untersuchenden Lösung hinzuzufügen.

Enthält die Lösung *Phosphorsäure*, deren Anwesenheit sich durch die Vorprüfung zu erkennen ergibt, so werden die Magnesiumsalze durch Ammoniak als Magnesiumammoniumphosphat gefällt; Salmiak verhindert *diese* Fällung *nicht*.

Die Trennung der Phosphorsäure von der Magnesia geschieht wie die Trennung der Phosphorsäure von den alkalischen Erde nach 2., S. 60.

dem nicht dissoziierten Anteil des Ammoniumhydroxyds und seinen Ionen Gleichgewichtszustand:

$$\underset{c}{NH_4OH} \rightleftarrows \underset{a}{NH_4^{\cdot}} + \underset{b}{OH'}$$

der in dem Massenwirkungsgesetz (S. 12):

$$\frac{b \cdot a}{c} = \text{konstans}$$

Ausdruck findet.

Kommt nun die Lösung eines Ammoniaksalzes, z. B. NH_4Cl, hinzu, so werden, da normale Salze fast völlig in ihre Ionen zerfallen sind, neue NH_4-Ionen in erheblicher Menge zugeführt, d. h. der Wert a wird bedeutend gesteigert. Zur Aufrechterhaltung der Konstanz in der Gleichung des Massenwirkungsgesetzes muß b, d. i. die Konzentration der OH-Ionen kleiner, oder c, der Anteil des nicht dissoziierten NH_4OH größer werden, was die gleiche Wirkung, nämlich eine Verringerung der Konzentration der OH-Ionen herbeiführt, bis das Löslichkeitsprodukt des $Mg(OH)_2$ nicht mehr erreicht wird, mithin der Niederschlag sich wieder auflöst.

2. *Natriumphosphat* (PO_4-ion) fällt aus den Lösungen der Magnesiumsalze bei Gegenwart von freiem Ammoniak oder Ammoniumsalzen einen weißen *krystallinischen* Niederschlag von Magnesiumammoniumphosphat $MgNH_4PO_4$, $6H_2O$, in verdünnten Lösungen erst nach einiger Zeit:

$$MgCl_2 + Na_2HPO_4 + \ldots\ldots =$$

Magnesiumammoniumphosphat ist in Säuren leicht, in Wasser kaum löslich, unlöslich in Ammoniak und Ammoniumsalzen.

Wie bei den meisten krystallinischen Niederschlägen erfolgt die vollständige Abscheidung allmählich. Die charakteristische Krystallform (rhombische Durchkreuzungszwillinge) ist unter dem Mikroskop zu beachten.

3. Bei *Abwesenheit* von Ammoniumsalzen fällen:

a) *Kali-*, *Natronlauge*, sowie *Barytwasser* (OH-ion): Magnesiumhydroxyd, weiß, amorph:

$$MgSO_4 + 2NaOH =$$

b) *Kalium-* und *Natriumcarbonat* in der Wärme: basisches Carbonat:

$$4\,MgCl_2 + 4Na_2CO_3 + H_2O = Mg_4(OH)_2(CO_3)_3 + CO_2 + 8NaCl.$$

4. *Ammoniumcarbonat* (CO_3-ion) gibt bei Gegenwart von Ammoniumsalzen keine Fällung.

In konzentrierten, ammoniaksalzfreien, neutralen Lösungen entsteht auf Zusatz von Ammoniumcarbonat *allmählich* ein krystallinischer Niederschlag von Ammonium-Magnesium-Carbonat $Mg(NH_4)_2(CO_3)_2$, $4H_2O$.

Vorprüfung: a) unschmelzbar oder schwer schmelzbar ohne Farbenänderung,
b) mit Kobaltlösung auf Kohle geglüht: *fleischrote Masse.*

C. Die Metalle der alkalischen Erden.

(Barium, Strontium, Calcium).

Nach genügend starkem Erhitzen auf Kohle hinterlassen die Verbindungen des Bariums, Strontiums und Calciums unschmelzbare (erdige) Rückstände, die nach dem Befeuchten mit Wasser rotes Lackmuspapier blau färben. Die alkalische Reaktion wird durch entstandene Oxyde oder Oxysalze veranlaßt, sie führte zu der Bezeichnung *„alkalische Erden"* (für die Oxyde) im Gegensatz zu den *„Erden"* (Tonerde und die selteneren Erden), deren Verbindungen nach dem Glühen *nicht* alkalisch reagieren.

Die Metalle der alkalischen Erden sind *zweiwertig* und ihrem chemischen Verhalten einander sehr ähnlich. Von den Salzen sind nur die Chloride, Nitrate und Acetate in Wasser leicht löslich, die Sulfate sind schwer löslich ($CaSO_4$, $SrSO_4$) oder unlöslich ($BaSO_4$). Die Löslichkeit der Hydroxyde, die als starke Basen anzusprechen sind, wächst mit dem Atomgewicht, $Ba(OH)_2$ ist leicht, $Ca(OH)_2$ wenig löslich.

Zur Abscheidung der alkalischen Erden im Gange der Analyse dient Ammoniumcarbonat. Es ist jedoch hierbei zu beachten, daß *bei Gegenwart* von *Phosphorsäure* und *Oxalsäure* bereits Ammoniak eine Fällung der alkalischen Erden bewirkt. Um dies zu vermeiden, sind Phosphorsäure und Oxalsäure, deren Vorhandensein die Vorprüfung ergibt, zu entfernen, *bevor* die zu untersuchende Lösung, zum Zwecke der Aufsuchung der Metalle der II. Hauptgruppe mit Ammonium alkalisch gemacht wird.

Trennung der Phosphorsäure: 1. Löse das Phosphat in wenig Salzsäure, versetze die Lösung mit Schwefelsäure und füge ein der Flüssigkeitsmenge gleiches Volum Alkohol hinzu. Nach einiger Zeit filtriere; der Niederschlag enthält die alkalischen Erden als Sulfate. Beim Kochen mit einer Lösung von Kaliumcarbonat erfolgt Umwandlung in Carbonate, die nach sorgfältigem Auswaschen (wie lange?) leicht mit Salzsäure in Lösung gebracht werden können.

2. Füge zur Lösung der Phosphate in möglichst *wenig* Salzsäure Natriumacetat und hierauf Eisenchlorid bis zur rötlichen Färbung.[1] Beim Kochen der Lösung scheidet sich die Phosphorsäure und alles Eisen (zum Teil als Phosphat, sum Teil als Oxyacetat) aus, z. B.:

$$Ca_3(PO_4)_2 + HCl + CH_3CO_2Na + 2\,FeCl_3$$
$$= 2\,Fe(PO_4) + 3\,CaCl_2 + NaCl + CH_3CO_2H,$$
$$FeCl_3 + 3\,CH_3CO_2Na = (CH_3CO_2)_3Fe + 3\,NaCl$$
$$(CH_3CO_2)_3Fe + 2\,H_2O \rightleftarrows \left.\begin{matrix}CH_3CO_2\\(OH)_2\end{matrix}\right\}Fe + 2\,CH_3CO_2H.$$

Das Filtrat[2] enthält die alkalischen Erden[3] als Chloride.

3. Löse das Phosphat in einer Porzellanschale mit konz. Salpetersäure, füge etwas Zinnfolie oder reines granutiertes Zinn hinzu und dampfe auf dem Wasser-

[1] Tritt eine rötliche Färbung *nicht* ein, so war der Zusatz von Natriumacetat ungenügend.

[2] Heiß filtrieren! Beim Erkalten bildet sich rückwärts lösliches Ferriacetat. (Vgl. Hydrolyse, S. 11.)

[3] Sind auch Metalle der II. Hauptgruppe vorhanden, so befinden sich *Al* und *Cr* neben *Fe* im Rückstand, die übrigen Metalle im Filtrat.

bade zur Trockne. Nach dem Befeuchten mit einigen Tropfen Salpetersäure ziehe den Rückstand mit Wasser aus; Zinnphosphat und Metazinnsäure bleiben zurück.

Vor der weiteren Untersuchung der Lösung prüfe einen Teil auf Phosphorsäure mit Ammoniummolybdat. War die Trennung nicht vollständig, so ist die Operation zu wiederholen.

Enthält der zu untersuchende Stoff neben Phosphorsäure auch Oxalsäure, so befindet sich diese im wäßrigen Auszug.

Trennung der Oxalsäure:

1. durch längeres Kochen mit einer Lösung von Natriumcarbonat; die Oxalate gehen hierbei in die Carbonate über, z. B.:

$$C_2O_4Ca + Na_2CO_3 = CaCO_3 + C_2O_4Na_2 .$$

Das Filtrat enthält die Oxalsäure; der sorgfältig (wie lange?) auszuwaschende Niederschlag ist in wenig Salzsäure zu lösen und nach der zweiten Tabelle (Niederschlag III)[1] weiter zu untersuchen.

2. Auch durch gelindes Glühen der ursprünglichen festen Substanz lassen sich die Oxalate in Carbonate verwandeln, z. B.:

$$C_2O_4Ca = CaCO_3 + CO_2 .$$

1. Barium Ba = 137,37.

(Zweiwertig)

Bariumhydroxyd $Ba(OH)_2$, in 25 Tln. kaltem (18°), viel leichter in kochendem Wasser löslich (Barytwasser).

In Lösungen, welche Bariumverbindungen enthalten, entsteht auf Zusatz von:

1. a) *Kali-* oder *Natronlauge* (OH-ion) — nur in sehr *konzentrierten* kalten Lösungen — ein weißer Niederschlag von Bariumhydroxyd.

[1] Sind auch Metalle der II. Hauptgruppe vorhanden, so ist der Rückstand wie Niederschlag II zu behandeln.

b) *Ammoniak*, *Schwefelammonium:* kein Niederschlag.[1]

Ist in der Lösung gleichzeitig *Phosphorsäure* oder *Oxalsäure* vorhanden, so fällt auf Zusatz der 1. a) und b) genannten Reagenzien *Bariumphosphat* oder *-oxalat* aus (vgl. S. 49).

2. *Ammoniumcarbonat* und anderen löslichen Carbonaten (CO_3-ion): ein weißer Niederschlag von Bariumcarbonat, löslich in: verdünnter Salz-, Salpeter- und Essigsäure; in sehr geringer Menge auch in kohlensäurehaltigem Wasser.

Der anfangs amorphe Niederschlag wird allmählich krystallinisch, die Fällung durch Kochen beschleunigt.

$Ba(NO_3)_2 + (NH_4)_2CO_3 =$

3. *Phosphaten* oder *Oxalaten:* weiße Niederschläge, löslich in verdünnter Salzsäure, z. B.

$$BaCl_2 + Na_2HPO_4 = BaHPO_4 + 2NaCl.$$

Enthält die Lösung gleichzeitig freies Alkali oder Ammoniak, so entsteht normales Phosphat:

$$3BaCl_2 + 2Na_2HPO_4 + 2NH_3 = Ba_3(PO_4)_2 + 4NaCl + 2NH_4Cl.$$

4. a) *Schwefelsäure* und löslichen Sulfaten (SO_4-ion): ein weißer Niederschlag von Bariumsulfat:

$Ba(NO_3)_2 + H_2SO_4 =$

Beim längeren Kochen mit *Kalium-* oder *Natriumcarbonat*, nicht aber durch *Ammoniumcarbonat*, wird das Bariumsulfat in Bariumcarbonat übergeführt:

$BaSO_4 + K_2CO_3 =$

Das Umsetzungsprodukt ist nach sorgfältigem Auswaschen (wie lange?) in Salzsäure löslich:

$BaCO_3 + 2HCl =$

b) *Gipswasser:* augenblickliche Fällung.

c) *Strontiumsulfat*: allmähliche Trübung.

[1] Enthalten die ad 1. genannten Reagenzien, wie es bei den im Gebrauch befindlichen Lösungen der Fall zu sein pflegt, geringe Mengen Kohlensäure, so entsteht eine Trübung ($BaCO_3$).

Der empfindlichste Nachweis des Bariums beruht auf der Abscheidung als Sulfat. 100 ccm Wasser von 18° lösen 0,23 mg $BaSO_4$.

5. *Kaliumbichromat* nach Zusatz von Natriumacetat (Unterschied und Trennung von *Sr* und *Ca*), sowie *Kaliumchromat*, wenn die Lösung keine freien Mineralsäuren enthält: ein gelber Niederschlag von $BaCrO_4$:

$$2BaCl_2 + K_2Cr_2O_7 + 2CH_3CO_2Na + H_2O =$$
$$BaCl_2 + KCrO_4 =$$

Mineralsäuren lösen den Niederschlag auf; in Wasser (und ebenso in verdünnter Essigsäure) ist er nahezu unlöslich. 100 ccm Wasser (18°) lösen 0, 38 mg $BaCrO_4$.

6. *Kieselfluorwasserstoffsäure:* ein durchscheinender krystallinischer Niederschlag von Kieselfluorbarium (Unterschied von *Sr* und *Ca*), welches unter dem Mikroskop eine charakteristische Krystallform zeigt:

$$BaCl_2 + H_2SiFl_6 =$$

Anmerk. Bariumchlorid und -nitrat sind in *Alkohol unlöslich.*

Vorprüfung: a) *grüne Flammenfärbung,*
b) schwer schmelzbar oder unschmelzbar ohne Farbenänderung,
c) mit Kobaltlösung auf Kohle geglüht: *graue Masse.*

2. Strontium *Sr* = 87,63.

(Zweiwertig).

Strontiumhydroxyd $Sr(OH)_2$, in ungefähr 130 Tln. kaltem (18°), leichter in kochendem Wasser löslich.

In Lösungen, welche Strontiumverbindungen enthalten, entsteht auf Zusatz von:

1. a) *Kali-* oder *Natronlauge* (*OH*-ion: — nur in hinreichend *konzentrierten* Lösungen — ein weißer Niederschlag von Strontiumhydroxyd,
   b) *Ammoniak, Schwefelammonium*: kein Niederschlag.[1] (Vgl. die Fußnote S. 62.)

Ist in der Lösung gleichzeitig *Phosphorsäure* oder *Oxalsäure* vorhanden, so fällt auf Zusatz der 1. a) und b) genannten Reagenzien *Strontiumphosphat* oder *-oxalat* aus (vgl. S. 49).

2. *Ammoniumcarbonat* und anderen löslichen Carbonaten (CO_3 ion): ein weißer Niederschlag von **Strontiumcarbonat**, löslich in verdünnten Säuren, in sehr geringer Menge auch in kohlensäurehaltigem Wasser

$$SrCl_2 + (NH_4)_2CO_3 =$$

Der anfangs amorphe Niederschlag wird allmählich krystallinisch, die Fällung durch Kochen beschleunigt.

3. *Phosphaten* oder *Oxalaten*: weiße Niederschläge, löslich in verdünnter Salzsäure, z. B.:

$$SrCl_2 + Na_2HPO_4 =$$

Enthält die Lösung gleichzeitig freies Alkali oder Ammoniak, so entsteht normales Phosphat.

$$3\,SrCl_2 + 2Na_2HPO_4 + 2\,NH_3 =$$

4. a) *Schwefelsäure* und löslichen Sulfaten (SO_4-ion): ein weißer Niederschlag von **Strontiumsulfat**, sehr schwer in ungefähr 9000 Tln. Wasser (18°) löslich. Oxalsäure bringt in dem mit Ammoniak alkalisch gemachten Filtrat keine Fällung hervor (Unterschied von *Ca*).

$$SrCl_2 + H_2SO_4 =$$

Beim Digerieren mit einer Lösung von Kaliumcarbonat auch von *Ammoniumcarbonat* (Unterschied von *Ba*); wird $SrSO_4$ in $SrCO_3$ übergeführt, der abfiltrierte Rückstand ist nach sorgfältigem Auswaschen (wie lange?) in Salzsäure löslich.

b) *Gipswasser*: eine allmähliche Trübung, rascher beim Erwärmen (Unterschied von *Ca*).

c) *Strontiumsulfat:* auch nach längerer Zeit keine Trübung (Unterschied von *Ba*).

[1] Vgl. die Fußnote S. 62.

Anmerk. In *Alkohol* ist Strontiumchlorid *löslich*, Strontiumnitrat *unlöslich*.

Vorprüfung: a) *karminrote* Flammenfärbung.
b) schwer schmelzbar oder unschmelzbar ohne Farbenänderung,
c) mit Kobaltlösung auf Kohle geglüht: *graue Masse.*

3. Calcium $Ca = 40{,}07$.

(Zweiwertig).

Calciumhydroxyd $Ca(OH)_2$ in ungef. 600 Tln. kaltem (18°) Wasser löslich (Kalkwasser); in heißem Wasser ist die Löslichkeit etwas geringer.

In Lösungen, welche Calciumverbindungen enthalten, entsteht auf Zusatz von:

1. a) *Kali-* oder *Natronlauge* (*OH*-ion): — in nicht zu verdünnten Lösungen — ein weißer Niederschlag von Calciumhydroxyd;

b) *Ammoniak, Schwefelammonium:* kein Niederschlag.[1]

Ist in der Lösung gleichzeitig *Phosphorsäure* oder *Oxalsäure* vorhanden, so fällt auf Zusatz der 1. a) und b) genannten Reagenzien *Calciumphosphat* oder *-oxalat* aus. (Vgl. S. 49.)

2. *Ammoniumcarbonat* und anderen löslichen Carbonaten (CO_3-ion): ein weißer Niederschlag von Calciumcarbonat löslich in verdünnten Säuren in geringer Menge auch in kohlensäurehaltigem Wasser.

Der anfangs amorphe Niederschlag wird allmählich krystallinisch, die Fällung durch Kochen beschleunigt.

3. *Phosphate* oder *Oxalate:* weiße Niederschläge, löslich in verdünnter Salzsäure z. B.

$$CaCl_2 + Na_2HPO_4 =$$

Enthält die Lösung gleichzeitig Ammoniak oder ein anderes freies Alkali, so entsteht normales Phosphat:

$$3\,CaCl_2 + 2\,Na_2HPO_4 + 2\,NH_3 =$$

[1] Vgl. die Fußnote S. 62.

4. *Schwefelsäure* und löslichen Sulfaten (SO_4-ion): ein weißer, allmählich entstehender krystallinischer, Niederschlag von Calciumsulfat, $CaSO_4, 2H_2O$, löslich in viel (etwa 400 Tln.) Wasser (Gipswasser). In verdünnter Salz-, Salpetersäure, in Ammoniumsalzen usw. ist Gips leichter löslich. Der Niederschlag entsteht daher *nicht* in *verdünnten* Lösungen. In dem Filtrat von dem Niederschlag durch Schwefelsäure entsteht nach dem Übersättigen mit Ammoniak auf Zusatz von *Oxalsäure* eine Trübung Unterschied von *Ba* und *Sr*).

$$CaSO_4 + C_2O_4(NH_4)_2 =$$

Hierauf beruht der empfindlichste Nachweis von Calcium. 100 ccm Wasser lösen nur 0,56 mg CaC_2O_4.

Versetzt man Gipswasser mit dem gleichen Volumen Alkohol, so fällt das gelöste $CaSO_4$ aus. Durch gleichzeitigen Zusatz von Alkohol kann man daher Kalksalzlösungen mit Schwefelsäure vollständig fällen. Vgl. 1. S. 60.

Eine Lösung von Ammoniumcarbonat verwandelt $CaSO_4$ schon *in der Kälte* allmählich in $CaCO_3$ (Unterschied von *Ba*).

Dieselbe Umwandlung bewirken Kalium- und Natriumcarbonat.

Anmerk. Calciumchlorid und Nitrat sind in *Alkohol löslich.*

Vorprüfung: a) *gelbrote* Farbenänderung;
b) schwer schmelzbar oder unschmelzbar ohne Farbenänderung,
c) mit Kobaltlösung auf Kohle geglüht: *graue Masse.*

Der *Nachweis der alkalischen Erden* nebeneinander erfolgt nach Tab. II.

Zur *Trennung* derselben voneinander versetze die Lösung der Carbonate in wenig Salzsäure mit Natriumacetat und füge eine Lösung von Bichromat hinzu. Hierdurch wird Barium als $BaCrO_4$ *gefällt.*

In Lösung bleiben: *Ca*¨ und *Sr*¨. Fälle mit Ammoniumcarbonat, wasche den Niederschlag $(CaCO_3, SrCO_3)$ aus, löse in Salpetersäure und dampfe die Lösung der Nitrate ein. Beim Behandeln des Rückstandes mit einem Gemisch gleicher Teile Alkohol und Äther geht $Ca(NO_3)_2$ in Lösung, während $Sr(NO_3)_2$ zurückbleibt.

Die charakteristischen Färbungen, welche die Metalle der alkalischen Erden nichtleuchtenden Flammen erteilen, bieten ein einfaches Hilfsmittel zur Erkennung und Identifizierung in zweifelhaften Fällen.

Weiterhin können die farbenprächtigen Spektren zur Erkennung von Spuren der Erdalkalimetalle herangezogen werden. Die besonderen Merkmale dieser Spektren im kleinen Spektralapparat sind für:

Calcium: ein Band in Rot und Grün, weiterhin eine schwerer erkennbare blaue Linie;
Strontium: helleuchtende orange Bänder, daneben rote Bänder und eine schön blaue Linie;
Barium: intensivgrüne Bänder und einige rote Bänder.

Zweite Hauptgruppe.

Aluminium, Chrom — Eisen, Nickel und Kobalt, Mangan, Zink.

Die zweite Gruppe umfaßt diejenigen Metalle, deren Verbindungen durch *Schwefelammonium* aus *neutralen* oder *ammoniakalischen* Lösungen *bei Gegenwart von Salmiak gefällt werden.*

Diese Gruppe zerfällt in zwei Unterabteilungen, je nachdem die entstehenden Niederschläge aus

A. *Hydroxyden* (Aluminium, Chrom), oder
B. *Schwefelmetallen* (Eisen, Nickel, Kobalt, Mangan, Zink) bestehen.

Sind in der zu untersuchenden Lösung *neben Phosphorsäure* oder *Oxalsäure* gleichzeitig Barium, Strontium, Calcium oder Magnesium vorhanden, so werden durch Ammoniak und Schwefelammonium auch die Phosphate und Oxalate der alkalischen Erden bzw. Magnesiumammoniumphosphat gefällt.

Bei der Analyse ist daher zu beachten, daß der durch Ammoniak und Schwefelammonium entstehende Niederschlag auch

C. *Phosphate* und *Oxalate*

enthalten kann.

Über den Gang der Analyse bei Gegenwart von Phosphorsäure oder Oxalsäure und alkalischen Erden bzw. Magnesium vgl. S. 60. Werden die alkalischen Erden von der Phosphorsäure durch Kochen mit Eisenchlorid getrennt, so gehen in den Niederschlag, welcher alles Eisen und die Phosphorsäure enthält, auch, wenn vorhanden, Aluminium und Chrom über (vgl. S. 86).

A. Erste Unterabteilung.

(*Aluminium, Chrom.*)

Die löslichen Verbindungen des Aluminiums und des Chroms (in der Oxydform) unterscheiden sich von denen der übrigen Metalloxyde dieser Gruppe dadurch, daß sie durch Ammoniak, auch bei Gegenwart von Salmiak, vollständig gefällt werden — nur die von *dreiwertigen* Eisen sich ableitenden Ferriverbindungen verhalten sich ebenso.

Auch anderweitig zeigen die Ferriverbindungen ein gleiches Verhalten mit Aluminium und Chrom. Wie die Acetate des Aluminiums und Chroms werden die Lösungen des Ferriacetats beim Kochen in unlösliches basisches Salz (Oxysalz) verwandelt. Ein wesentlicher Unterschied besteht im Verhalten gegen Kali- und Natronlauge, hierin sind die Hydroxyde des Aluminiums und Chroms *löslich,* Ferrihydroxyd ist jedoch *unlöslich.*

Von den in die zweite Hauptgruppe gehörigen Hydroxyden ist nur noch Zinkhydroxyd in Kali- und Natronlauge löslich.

1. Aluminium $Al = 27{,}1$.

(Dreiwertig).

Aluminiumhydroxyd, $Al(OH)_3$, hat zwiefachen (*amphoteren*) Charakter, als schwache Base bildet es nur mit starken Säuren, nicht mit schwachen Säuren (wie Kohlensäure und Schwefelwasserstoff) *Aluminiumsalze*; Kali- und Natronlauge gegenüber verhält es sich wie eine schwache Säure, es entstehen *Aluminate*.

Aluminium löst sich unter Wasserstoffentwicklung

1. in Säuren, z. B.

$$2Al + 6HCl = 2AlCl_3 + 3H_2 .$$

Die Lösungen enthalten das Kation $Al^{\cdot\cdot\cdot}$.

2. in Kali- oder Natronlauge.

$$2Al + 2KHO = 2K(AlO_2) + H_2 .$$

Die Lösungen enthalten das *Anion* AlO_2'.

In neutralen oder sauren Aluminiumsalzlösungen erzeugen:

1. *Ammoniak, Schwefelammonium*, Ammonium- und Alkalicarbonat: einen farblosen gallertartigen Niederschlag von Aluminiumhydroxyd, der sich im Überschuß des Fällungsmittels auch bei Gegenwart von Salmiak *nicht* löst. (Unterschied von *Mg* und *Zn*):

$$AlCl_3 + 3NH_4OH = Al(OH)_3 + 3NH_4Cl .$$

$$2AlCl_3 + 3(NH_4)_2S + 6H_2O = 2Al(OH)_3 + 6NH_4Cl + 3H_2S$$

$$2AlCl_3 + 3H(N_4)_2CO_3 + 3H_2O =$$

Aluminiumhydroxyd verliert beim Trocknen Wasser und löst sich dann in Salzsäure schwerer auf. Das beim Glühen entstehende, sowie das natürlich vorkommende Al_2O_3 ist in Säuren unlöslich und durch Schmelzen mit Natriumbisulfat aufzuschließen.

2. *Natron-* oder *Kalilauge* nur einen vorübergehenden Niederschlag. Die Lösung im Überschuß des Fällungsmittels enthält *Aluminat* und bleibt auch beim Kochen klar (Unterschied von *Chrom*).

$$Al_2(SO_4)_3 + 6NaOH = 2Al(OH)_3 + 3Na_2SO_4 ,$$

$$2Al(OH)_3 + 2NaOH = 2Na(AlO_2) + 4H_2O .$$

Aus der alkalischen Lösung fällt *Salmiak* beim Kochen Aluminiumhydroxyd wieder aus:

$$Na(AlO_2) + NH_4Cl + H_2O = Al(OH)_3 + NaCl + NH_3$$

NB. Nicht flüchtige organische Säuren (Weinsäure) usw. verhindern die Fällung ad 1 infolge von Komplexbildung. — Enthält die zu untersuchende Lösung gleichzeitig *Phosphorsäure*, so besteht der Niederschlag ad 1 aus *Aluminiumphosphat*, das in Kali- und Natronlauge sowie in Mineralsäuren löslich, in Essigsäure unlöslich ist.

In der salpetersauren Lösung läßt sich Phosphorsäure leicht mit Ammoniummolybdat nachweisen. Aus der alkalischen Lösung fällt Chlorbarium *Bariumphosphat*, während Aluminium in Lösung bleibt und sich auf diese Weise von der Phosphorsäure trennen läßt. — Enthält die Lösung gleichzeitig *Magnesium*, so kann der Niederschlag ad 1 aus *Magnesiumaluminat* $Mg(AlO_2)_2$ bestehen, das sich im Überschuß von Kali- und Natronlauge nicht löst; beim Kochen mit Salmiak jedoch in Aluminiumhydroxyd und lösliches Magnesiumsalz umgewandelt wird.

4. Lösungen von *Aluminiumacetat* scheiden beim Kochen infolge hydrolytischer Spaltung zunächst Oxyacetat und schließlich Aluminiumhydroxyd aus:

$$Al(C_2H_3O_2)_3 + H_2O = Al(OH)(C_2H_3O_2)_2 + C_2H_4O_2,$$
$$Al(C_2H_3O_2)_3 + 2H_2O = Al(OH)_2(C_2H_3O_2) + 2C_2H_4O_2,$$
$$Al(C_2H_3O_2)_3 + 3H_2O = Al(OH)_3 + 3C_2H_4O_2$$

Vorprüfung: a) unschmelzbar ohne Farbenänderung,
b) mit Kobaltlösung auf Kohle geglüht: *blaue Masse.*

Die Reaktion der Vorprüfung ad b kann in abgeänderter Form auch bei der Analyse zur Entscheidung herangezogen werden, wenn nur eine geringe Trübung eintritt, die es zweifelhaft läßt, ob Aluminiumhydroxyd vorliegt. Zu diesem Zwecke filtriere durch ein kleines Filter, betupfe dasselbe mit *einem* Tropfen Kobaltlösung und breite es auf ein Stück Fließpapier aus, um den größten Teil der Feuchtigkeit zu entfernen. Dann schneide die Hälfte mit dem Niederschlag ab, rolle sie fest zusammen und wickle um die Mitte einen Platindraht. Zunächst über der Flamme getrocknet, dann verbrannt, verascht und geglüht, hinterläßt das Filter, wenn Aluminium zugegen war, eine mehr oder weniger blau gefärbte Masse $Co(AlO_2)_2$ (*Thénards Blau*), anderfalls grau bis schwarzes Kobaltoxyd.

2. Chrom[1] $Cr = 52,0$.

Es sind zwei Oxydationsstufen zu unterscheiden:

Chromoxyd Cr_2O_3, schwache Base, bildet neben Chromisalzen auch Chromite,

Chromsäure CrO_3, mit zwei Reihen von Salzen: Chromaten und Bichromaten (vgl. S. 143).

Alle Chromverbindungen sind gefärbt[2], die des Oxyds: grün oder violett, die der Säuren: gelb bis rot.

Die Chromi- und Chromitverbindungen

leiten sich vom *dreiwertigen* Chrom ab; ihre Eigenschaften sind denen der entsprechenden Aluminiumverbindungen sehr ähnlich.

Chrom löst sich in heißer Salzsäure allmählich unter Wasserstoffentwicklung zu $CrCl_3$ auf.

Die Lösung des Chroms in Salzsäure enthält das *Kation* $Cr^{\cdots}$ (Chromiion). Kali- und Natronlauge bilden lösliche Chromite mit dem *Anion* CrO_2'.

1. Durch *Schwefelwasserstoff* werden

a) Lösungen, welche *Chromisalze* enthalten, *nicht* verändert,

b) *Chromate* und *Bichromate* zu Chromiverbindungen reduziert, die gelbrote Lösung wird grün; in hinreichend saurer Lösung scheidet sich nur *Schwefel* ab, z. B.:

$$K_2Cr_2O_7 + 3H_2S + 8HCl = 2CrCl_3 + 2KCl + 7H_2O + 3S.$$

NB. In der mit Schwefelwasserstoff behandelten *grünen* Lösung hat man daher *nur auf Chromisalze* Rücksicht zu nehmen. Aus derselben fällen

2. *Ammoniak, Schwefelammonium, Alkalicarbonat:* mattgrünes Chromihydroxyd, in der Kälte mit vio-

[1] Über den Gang der Analyse bei Gegenwart von Chrom vgl. S. 86, 2.

[2] Daher der Name von chroma (griechisch) = Farbe.

letter Farbe etwas löslich, beim Kochen im Überschuß des Fällungsmittels unlöslich:

$Cr_2(SO_4)_3 + 6NH_4OH =$
$Cr_2(SO_4)_3 + 3(NH_4)_2S + 6H_2O =$
$2CrCl_3 + 3(NH_4)_2S + 3H_2O =$

Beim Trocknen verliert Chromihydroxyd Wasser, nach dem Glühen ist es (wie Al_2O_3) in Säuren unlöslich; beim Schmelzen mit Soda und Salpeter, oder mit Natriumperoxyd entsteht gelbes, in Wasser lösliches Chromat.

3. *Natron-* oder *Kalilauge*: nur vorübergehend einen Niederschlag, der sich im Überschuß als Chromit mit schön grüner Farbe löst;

$$CrCl_3 + 4NaOH =$$

Aus der mit Wasser verdünnten Lösung scheidet sich beim Kochen Chromihydroxyd ab (Unterschied von *Al*);

$$2Na(CrO_2) + 4H_2O = 2Cr(OH)_3 + 2NaOH.$$

Das Chromihydroxyd hat einen noch schwächeren Säurecharakter wie das Aluminiumhydroxyd.

NB. Nichtflüchtige organische Säuren (Oxalsäure, Weinsäure) usw. verhindern die Fällungen ad 2 und 3 infolge von Komplexbildung.

4. Alkalische Lösungen prüfe

a) durch Kochen für sich,

b) durch Kochen mit *Bleiperoxyd* (und Natronlauge). Die grüne Lösung färbt sich allmählich gelb, indem das *Chromit* in *Chromat* übergeht. Nach dem Abfiltrieren vom nicht verbrauchten Bleiperoxyd entsteht beim Ansäuren mit Essigsäure ein gelber Niederschlag von *Bleichromat:*

$$2Na(CrO_2) + 3PbO_2 + 8NaOH = 2Na_2(CrO_4) + 3Na_2(PbO_2) + 4H_2O,$$

$$2Na_2(CrO_4) + 3Na_2(PbO_2) + 12CH_3COOH = 2Pb(CrO_4) + Pb(CH_3COO)_2 + 10Na(CH_3COO) + 6H_2O,$$

Auch *Bromwasser* und *Wasserstoffperoxyd* oxydieren in alkalischen Lösungen Chromite zu Chromaten, z. B.

$2Na(CrO_2) + 3Br_2 + 8NaOH = 2Na_2(CrO_4) + 6NaBr + 4H_2O,$
$2Na(CrO_2) + 3H_2O_2 + 2NaOH = 2Na_2(CrO_4) + 4H_2O.$

Vorprüfung: a) alle Chromverbindungen färben die Phosphorsalzperle *grün;*
b) *Chromsäure* und ihre Salze entwickeln beim Erwärmen mit konzentrierter Schwefelsäure *Sauerstoff*, mit konzentrierter Salzsäure *Chlor*.

B. Zweite Unterabteilung.

(Eisen, Nickel, Kobalt, Mangan, Zink.)

Eisen, Nickel, Kobalt verbinden sich in *zwei verschiedenen* Verhältnissen *mit Sauerstoff*, entsprechend den allgemeinen Formeln: *MO* (Oxydul) und M_2O_3 (Oxyd). Die Oxydule sind *stärkere Basen* als die Oxyde, von denen sich nur das Eisenoxyd mit Säuren zu beständigen, einfachen Salzen vereinigt. Die Oxydulsalze verhalten sich gegen *Ammoniak* wie die *Magnesiumsalze* (d. h. sie werden bei Gegenwart einer hinreichenden Menge von Salmiak *nicht* gefällt).

Mit der *Cyangruppe* vereinigen sich Eisen, Nickel und Kobalt zu *komplexen Anionen.* Mit *Ammoniak* bilden Kobalt und Nickel, aber nicht Eisen lösliche Amminsalze, welche *komplexe Kationen* enthalten.

Die beiden höchsten der (fünf) Sauerstoffstufen des Mangans haben *sauren* Charakter und liefern *Anionen.*

Vom Zink ist *nur* das Oxyd *ZnO* bekannt.

1. Eisen *Fe* = 55,84.

(Zwei- und dreiwertig.)

Ferrohydroxyd $Fe(OH)_2$, die Lösungen der Salze sind farblos oder grün.

Ferrihydroxyd $Fe(OH)_3$, die Lösungen der Salze sind gelb bis braun.

Die *Ferro*-(oxydul-)verbindungen mit dem *zweiwertigen* $Fe^{\cdot\cdot}$ gehen durch *Oxydation* leicht (schon durch den Sauerstoff der Luft) in *Ferri*-(oxyd-)verbindungen mit dem *dreiwertigen* $Fe^{\cdot\cdot\cdot}$ über, durch *Reduktionsmittel* findet der umgekehrte Vorgang statt.

Oxydation ist immer mit dem Übergang in eine *höhere*, **Reduktion** immer mit dem Übergang in eine *niedere* *Wertigkeitsstufe* verknüpft (vgl. S. 10).

Salzsäure und verdünnte Schwefelsäure lösen das Eisen zu *Ferro*salz, z. B.

$$Fe + 2HCl = FeCl_2 + H_2,$$

welches an der Luft allmählich in Ferrisalz übergeht.

Wäßrige Lösungen der Ferrosalze trüben sich an der Luft, infolge der Ausscheidung von Oxysalz.

$$4FeCl_2 + O_2 + 2H_2O = 4Fe(OH)Cl_2.$$

Angesäuerte Lösungen bleiben klar:

$$4FeCl_2 + O_2 + 4HCl = 4FeCl_3 + 2H_2O.$$

Salpetersäure wird, wenn sie oxydierend wirkt, selbst zu Stickoxyd reduziert:

$$4HNO_3 = 3O_2 + 2H_2O + 2NO.$$

Stickoxyd ist in *Ferro*salzlösungen mit dunkelbrauner Farbe löslich, in *Ferri*salz unlöslich, Hierdurch erklären sich die bei der Oxydation mit Salpetersäure auftretenden Erscheinungen. Die anfangs schwarzbraune Farbe der Lösung geht plötzlich, wenn der letzte Rest des Lösungsmittels oxydiert wird, in Gelb über, zugleich entwickeln sich Gasblasen von Stickoxyd.

Der Oxydationsvorgang durch Salpetersäure findet seinen Ausdruck (wie durch Kombination der beiden letzten Gleichungen ersichtlich) in:

$$3FeCl_2 + 3HCl + HNO_3 = 3FeCl_3 + 2H_2O + NO.$$

1. *Schwefelwasserstoff* reduziert *Ferri*salze unter Abscheidung von Schwefel, die Lösung trübt sich milchig und wird gleichzeitig entfärbt:

$$Fe_2(SO_4)_3 + H_2S = 2Fe(SO_4)_2 + H_2SO_4 + S.$$

2. *Schwefelammonium* fällt aus Eisensalzlösungen schwarzes Schwefeleisen *(FeS)*, welchem, wenn die Lösung Ferrisalz enthielt, Schwefel beigemengt ist:

$$FeCl_2 + (NH_4)_2S =$$
$$2FeCl_3 + 3(NH_4)_2S =$$

Schwefeleisen geht an feuchter Luft allmählich in rostbraunes Oxyferrisulfat über.

3. *Natron-, Kalilauge* oder *Ammoniak* fällen aus Lösungen

a) der Ferrosalze: blaßgraugrünes, rasch dunkler werdendes Hydroxyd, welches an der Luft allmählich in das rostbraune Hydroxyd des dreiwertigen Eisens übergeht:

$$Fe(SO_4) + 2NaOH =$$
$$2Fe(OH)_2 + H_2O + O =$$

NB. Ammoniumsalze beeinträchtigen die Fällung durch Ammoniak.

b) der Ferrisalze: rostbraunes *Hydroxyd*, unlöslich im Überschuß des Fällungsmittels:

$$Fe(SO_4)_3 + 6NH_4OH =$$

4. *Natriumcarbonat* und andere lösliche Carbonate fällen aus Lösungen

a) der Ferrosalze: *Ferrocarbonat*, welches an der Luft in $Fe(OH)_3$ übergeht:

$$FeCl_2 + Na_2CO_3 =$$
$$..FeCO_3 + ... =$$

b) der Ferrisalze: *Hydroxyd*:

$$2FeCl_3 + 3Na_2CO_3 + 3H_2O =$$

5. Lösungen der *Ferrisalze* verhalten sich den Aluminiumsalzen sehr ähnlich:

Natriumphosphat fällt hellgelbes Ferriphosphat $FePO_4$, unlöslich in Essigsäure; in Mineralsäuren löslich, bei viel überschüssigem Natriumphosphat auch in Ammoniak löslich.

Bei Verwendung von Binatriumphosphat ist ein Zusatz von Natriumacetat erforderlich (warum?)

$$FeCl_3 + Na_2HPO_4 + Na(C_2H_3O_2) =$$

6. *Natriumacetat* färbt *kalte* Lösungen der Ferrisalze blutrot, infolge der Bildung von Ferriacetat:

$$FeCl_3 + 3Na(C_2H_3O_2) = Fe(C_2H_3O_2)_3 + 3NaCl.$$

Auf Zusatz von Mineralsäuren verschwindet die Färbung.

Beim *Kochen* tritt infolge von Hydrolyse Abscheidung von unlöslichen Oxysalzen ein (vgl. Aluminium (4) S. 70):

$$Fe(C_2H_3O_2)_3 + H_2O =$$
$$Fe(C_2H_3O_2)_3 + 2H_2O =$$
usw.

Wird eine Lösung, die Ferrisalze *und* Phosphorsäure gleichzeitig enthält, mit Natriumacetat versetzt, gekocht und heiß filtriert, so ist das Filtrat *frei* von Eisen *und* Phosphorsäure.

NB. Weinsäure usw. verbindet die Fällungen ad 3 bis 6.

7. *Ferrisalze* werden auch in stark verdünnten Lösungen durch *Schwefelcyankalium* (Rhodankalium) blutrot, durch Gerbsäurelösung (Tannin) tintenschwarz gefärbt (Unterschied von Ferrosalzen).

Die Rotfärbung mit Schwefelcyankalium tritt infolge von Komplexsalzbildung nicht ein bei Gegenwart von Oxalsäure u. a. organischen Säuren, auch nicht bei Anwesenheit von Mercurisalzen. Freie Mineralsäuren dagegen verhindern die Reaktion nicht; beim Schütteln der Lösung mit Äther geht die Rotfärbung in diesen über.

Reaktionen mit komplexen Anionen.

Ferrocyankalium $K_4[Fe(CN)_6]$ (gelbes Blutlaugensalz) und Ferricyankalium $K_3[Fe(CN)_6]$ (rotes Blutlaugensalz) enthalten das Eisen in Form komplexer *Anionen*. Die allgemeinen Reaktionen dieser Anionen sind im IV. Abschnitt unter Ferro- und Ferricyanwasserstoffsäure (S. 129) beschrieben. Hier folgen die speziellen Reaktionen der Anionen: $Fe(CN)_6''''$ und $Fe(CN)_6'''$ mit den Kationen des Eisens: Fe'' und Fe'''.

8. *Ferrocyankalium* erzeugt in Lösungen von:

a) Ferrosalzen eine weiße, fast augenblicklich blau werdende Fällung von $K_2Fe[Fe(CN)_6]$ oder $Fe_2[Fe(CN)_6]$, z. B.

$$FeSO_4 + K_4[Fe(CN)_6] = K_2Fe[Fe(CN)_6] + K_2SO_4$$

b) Ferrisalzen einen dunkelblauen Niederschlag von

Ferriferrocyanid (Berlinerblau). Sehr empfindliche Reaktion.

$$4FeCl_3 + 3K_4[Fe(CN)_6] = Fe_4[Fe(CN)_6]_3 + 12KCl.$$

9. *Ferricyankalium* gibt mit Lösungen von:

a) Ferrosalzen einen dem Berlinerblau ähnlichen Niederschlag (Turnbulls Blau).

b) *Ferrisalzen:* dunkelbraune Färbung;

Eine grünliche Färbung deutet auf Spuren von Ferrosalz hin.

Vorprüfung: a) Phosphorsalzperle, heiß: rotbraun, kalt: farblos oder grünlich,

b) am Kohlestäbchen oder auf Kohle mit Soda geschmolzen: schwarze, *magnetische* Metallteilchen (vgl. S. 27).

2. Nickel *Ni* = 58,68, und 3. Kobalt *Co* = 58,97

(zwei- und dreiwertig),

sind in ihrem analytischen Verhalten einander sehr ähnlich; Unterschiede zeigen insbesondere die Reaktionen mit *komplexen Anionen.*

Die Metalle lösen sich leicht in Salpetersäure, langsamer in Salzsäure und verdünnter Schwefelsäure. Die Lösungen der Nickelsalze sind grün, die der Kobaltsalze blau oder rot gefärbt. Die Lösungen enthalten *zweiwertige* Kationen, denen die Hydroxyde $Ni(OH)_2$ und $Co(OH)_2$ entsprechen. Von den Hydroxyden der *dreiwertigen* Kationen $Ni(OH)_3$ und $Co(OH)_3$, die in verdünnten Säuren und in Alkalien unlöslich sind, leiten sich einfache Salze nicht ab; konzentrierten Säuren gegenüber verhalten sich dieselben wie *Peroxyde,* d. h. sie entwickeln Chlor:

$$2Ni(OH)_3 + 6HCl = 2NiCl_2 + Cl_2 + 3H_2O$$

Nickel- und Kobaltsalzlösungen geben mit:

1. *Schwefelwasserstoff,* sofern Mineralsäuren (Salzsäure Schwefelsäure, Salpetersäure) in hinreichender Menge vorhanden sind, *keine* Fällung, nach Zusatz von *Natriumacetat* entsteht ein schwarzer Niederschlag von *NiS* und *CoS* (Unterschied von *Fe* und *Mn*):

$$NiCl_2 + H_2S + 2Na(C_2H_3O_2) =$$

$$CoSO_4 + H_2S + 2Na(C_2H_3O_2) =$$

2. *Schwefelammonium*, schwarzes Sulfid:

$$NiCl_2 + (NH_4)_2S =$$
$$CoSO_4 + (NH_4)_2S =$$

in verdünnten Mineralsäuren unlöslich, in konzentrierter Salpetersäure und in Königswasser löslich.

NB. Eine *braune* Färbung des Filtrats vom Schwefelammoniumniederschlag deutet immer auf Nickel. Nach Zusatz von Essigsäure werden die geringen Mengen des in kolloidalem Zustande in Lösung befindlichen NiS beim Kochen ausgeflockt.

3. *Ammoniak* gibt in hinreichend sauren Lösungen keinen Niederschlag.

Die Lösungen bei Nickelsalzen blau, bei Kobaltsalzen gelbrot enthalten komplexe Amminionen, z. B.: $[Ni(NH_3)_4]^{\cdot\cdot}$ und $[Co(NH_3)_6]^{\cdot\cdot}$.

Die gelbrote Farbe der kobalthaltigen Lösung geht bald infolge von Oxydation in Braun über.

4. *Natron*- oder *Kalilauge* fällen aus.

a) Nickelsalzlösungen: hellgrünes $Ni(OH)_2$, das sich an der Luft nicht verändert. Bromwasser, nicht aber Wasserstoffperoxyd, führt in schwarzes $Ni(OH_3)$ über:

$$NiCl_2 + 2NaOH = Ni(OH)_2 + 2NaCl$$
$$2Ni(OH)_2 + Br_2 + 2H_2O = 2Ni(OH)_3 + 2BrH.$$

b) Kobaltsalzlösungen: zunächst blaues basisches Salz, das beim Kochen im Probierglas in rotes $Co(OH)_2$ übergeht. Beim Erwärmen unter Luftzutritt (in der offenen Porzellanschale wird es dunkler), indem allmählich $Co(OH)_3$ entsteht

$$2Co(OH)_2 + O + H_2O = 2Co(OH)_3.$$

Bromwasser, *auch Wasserstoffperoxyd*, wirken sogleich oxydierend, der Niederschlag wird schwarz:

$$2Co(OH)_2 + H_2O_2 =$$

5. *Cyankalium* fällt aus Nickel- und Kobaltsalzlösungen vorübergehend hellgrünes oder rötliches Cyanid, das sich im Überschuß des Fällungs-

mittels mit gelber oder brauner Farbe als Komplexsalz (mit *zweiwertigen* Metall) auflöst:

$$NiSO_4 + 4KCN = K_2[Ni(CN)_4] + K_2SO_4$$
$$CoSO_4 + 6KCN = K_4[Co(CN)_6] + K_2SO_4 .$$

Gegen Oxydationsmittel verhalten sich die alkalischen Lösungen *verschieden.*

a) Nickel. Ein Komplexsalz des dreiwertigen Nickels, welches erwartet werden könnte, entsteht nicht. Es findet ein Zerfall statt, beide Teile $Ni^{\cdot\cdot}$ und $(CN)'$ werden oxydiert:

$$K_2[Ni(CN_4)] + 9Br + 3KHO = Ni(OH)_3 + 5KBr + 4CNBr .$$

Zur Ausführung der Reaktion versetze die Nickelsalzlösung tropfenweise mit Cyankalium, bis zur Lösung des anfangs entstehenden Niederschlags, füge Natronlösung und hierauf Natriumhypochlorid oder Bromwasser (wobei darauf zu achten ist, daß die Lösung alkalisch bleibt). Auch wenn nur Spuren von Nickel vorhanden sind, entsteht in der Kälte allmählich, beim Erwärmen sogleich, ein fein verteilter tintenschwarzer Niederschlag von $Ni(OH)_3$ (Unterschied von Kobalt).

b) Kobalt. Die unbeständige Komplexverbindung des zweiwertigen Kobalts oxydiert sich bereits an der Luft (schneller wirken die vorgenannten Oxydationsmittel) zu der entsprechenden Komplexververbindung des dreiwertigen Kobalts.

Die Farbe der Lösung geht von Braun in Gelb über:

$$2K_4[Co(CN)_6] + O + H_2O = 2K_3[Co(CN)_6] + 2KHO .$$

Da auch das Komplexsalz des dreiwertigen Kobalts löslich ist, entsteht ein Niederschlag *nicht.*

6. *Kaliumnitrit* und Essigsäure gibt mit Lösungen von

a) Nickelsalzen: keinen Niederschlag.

b) *Kobaltsalzen*: einen gelben krystallinischen Niederschlag von $K_3[Co(NO_2)_6]$ (sog. Fischersches Salz).

Freie Mineralsäuren sind vorher mit Soda zu neutralisieren. Es ist eine *konzentrierte* Lösung von Kaliumnitrit zu verwenden, das *nicht* durch Natriumnitrit ersetzt werden kann, da das komplexe Natriumsalz löslich ist.

Die salpetrige Säure wirkt zunächst oxydierend und wird dabei zu Stickoxyd reduziert:

$$Co^{\cdot\cdot} + NO_2' + 2H^{\cdot} = Co^{\cdot\cdot\cdot} + H_2O + NO,$$

weiterhin komplexbildend. Beide Vorgänge lassen sich zusammenfassen in:

$$CoSO_4 + 7KNO_2 + 2C_2H_4O_2 = K_3[Co(NO_2)_6] + K_2SO_4 + 2K(C_2H_3O_2) + NO + H_2O.$$

Spezielle Reaktionen zum Nachweis von Spuren:

a) *Nickel.* Tschugaeffs Reagens (Dimethylglyoxim).

Zu der sehr verdünnten Nickelsalzlösung füge Ammoniak und hierauf eine Federmesserspitze des festen Reagens. Das weiße Pulver geht in der Siedehitze in intensiv rot gefärbtes Nickeldimethylglyoxim über. *Größere* Mengen Kobalt sind vorher durch Kaliumnitrit zu entfernen.

b) *Kobalt.* Lösliche *Rhodanide* (CNS-ion) geben *komplexe* Verbindungen, die in Alkohol (auch in seinen Homologen) mit blauer Farbe löslich sind.

Versetze die wäßrige Kobaltsalzlösung mit Rhodankalium und hierauf mit Alkohol. Die rote Lösung wird blau, auf Zusatz von viel Wasser wieder rot. Nimm statt des gewöhnlichen Alkohols *Amylalkohol* (der sich mit Wasser nicht mischt) und schüttele durcheinander. Die Amylalkoholschicht färbt sich *dunkelblau.*

Vorprüfung: *Nickel.*

a) Phosphorsalzperle, wie bei Eisen, die erkaltete Perle ist stark gesättigt *gelb.*

b) Am Kohlestäbchen oder auf Kohle mit Soda geschmolzen: *magnetische* graue Metallflitter. Auf Filtrierpapier gebracht (vgl. S. 27), hier mit Salpetersäure, dann mit Natronlauge und Bromdampf behandelt: schwarzer Fleck.

Vorprüfung: *Kobalt.*

a) *blaue* Phosphorsalzperle,

b) *magnetische* Metallflitter, die sich weiterhin wie Nickel verhalten.

4. Mangan $Mn = 54,93$.

Es sind fünf Oxydationsstufen zu beachten.

Manganohydroxyd $Mn(OH)_2$, Base, bildet beständige Salze.

Manganihydroxyd $Mn(OH)_3$ } (Braunstein) gegen verdünnte
Manganperoxyd MnO_2 } Säuren und Alkalien indifferent.

Mangansäure H_2MnO_4, die Manganate sind blaugrün gefärbt und wenig beständig.

Permangansäure $HMnO_4$, (Übermangansäure) die Säure und ihre Salze sind dunkelrot gefärbt.

Reaktionen des zweiwertigen Mangans.

Mangan wird von Säuren zu Mangano(Oxydul-)salzen gelöst, z. B.:

$$Mn + 2HCl = MnCl_2 + H_2.$$

In neutralen und sauren Lösungen sind die Oxydulsalze sehr beständig, selbst Salpetersäure oxydiert sie nicht höher (Unterschied von Eisen), in ammoniakalischer Lösung oder in Berührung mit Alkali werden sie schon durch den Sauerstoff der Luft in Oxyd übergeführt.

1. Durch *Schwefelwasserstoff* werden in hinreichend sauren Lösungen alle höheren Oxydationsstufen des Mangans (unter Abscheidung von Schwefel) zu *Manganoxydulsalz* reduziert, z. B.:

$$2KMnO_4 + 5H_2S + 6HCl = 2MnCl_2 + 2KCl + 5S + 8H_2O.$$

NB. *In der mit Schwefelwasserstoff behandelten Lösung* hat man daher *nur auf Manganoxydulsalze* Rücksicht zu nehmen; aus derselben fällt:

2. *Schwefelammonium*: blaßrötlich gefärbtes MnS, leicht löslich in verdünnten Mineralsäuren, auch in Essigsäure (Unterschied von Zn):

$$MnSO_4 + (NH_4)_2S =$$

3. *Natron-* oder *Kalilauge:* weißes Manganohydroxyd $Mn(OH)_2$, im Überschusse des Fällungsmittels unlöslich, löslich in Salmiak. Der Niederschlag wird an

der Luft rasch braun, indem Maganihydroxyd $Mn(OH)_3$ entsteht:

$$MnCl_2 + 2NaOH =$$
$$2Mn(OH)_2 + O + H_2O =$$

4. *Ammoniak* bewirkt in hinreichend sauren Lösungen keine Fällung. Die Lösung trübt sich allmählich an der Luft unter Bildung von $Mn(OH)_3$.

5. *Alkalicarbonat:* weißes, bei gewöhnlicher Temperatur an der Luft beständiges Mangancarbonat $MnCO_3$:

$$MnCl_2 + Na_2CO_3 =$$

Die empfindlichsten Reaktionen zum Nachweis des Mangans beruhen auf der

Überführung in höhere Oxydationsstufen.

6. *Wasserstoffsuperoxyd*, *Chlor-*, *Bromwasser* und *Natronlauge* erzeugen in Lösungen der Mangansalze einen schwarzbraunen Niederschlag von Manganperhydroxyd $MnO(OH)_2$:

$$2MnCl_2 + H_2O_2 + 2NaOH = MnO(OH)_2 + 2NaCl + H_2O$$
$$2MnCl_2 + 2Br + \ldots =$$

7. Erhitzt man ein wenig einer Manganverbindung mit *Soda* und *Kaliumchlorat* auf Platinblech, so erhält man eine *blaugrüne* Schmelze von *Natriummanganat*:

$$3MnO + 3Na_2CO_3 + 2KClO_3 = 3Na_2MnO_4 + 2KCl + 3CO_2.$$

Die beim Ansäuern der wäßrigen Lösung (in gleicher Weise wirkt Kohlendioxyd) freiwerdende Mangansäure zerfällt allmählich in Permanganat und Perhydroxyd. Die grüne Lösung wird beim Stehen an der Luft rot (Chamäleonlösung) und setzt braunes Perhydroxyd ab:

$$3Na_2MnO_4 + 2CO_2 + H_2O = 2NaMnO + MnO(OH)_2 + 2Na_2CO_3.$$

8. Übergießt man *Bleiperoxyd* mit verdünnter Salpetersäure und fügt *eine Spur* einer Manganverbindung hinzu, so entsteht beim Kochen Permangansäure $HMnO_4$; die Flüssigkeit färbt sich intensiv rot:

$$2\,MnSO_4 + 5\,PbO_2 + 6\,HNO_3 = 2\,HMnO_4 + 2\,PbSO_4 + 3\,Pb(NO_3)_2 + 2\,H_2O.$$

Salzsäure und Chloride wirken störend auf die Reaktion ein (warum?).

Die höheren Oxydationsstufen des Mangans wirken energisch *oxydierend* und gehen hierbei in hinreichend sauren Lösungen in Oxydulsalz über. Insbesondere werden:

a) aus den *Halogensäuren* (HCl, HBr, HJ), indem der Wasserstoff zu Wasser oxydiert wird, die Halogene in Freiheit gesetzt, z. B.:

$$MnO(OH)_2 + 4\,HCl = MnCl_2 + Cl_2 + 3\,H_2O.$$

(Erhitzen von Braunstein mit konzentrierter Salzsäure ist die übliche Darstellungsweise des Chlors.)

b) *Ferrosalze* in Ferrisalze übergeführt:

$$2\,KMnO_4 + 10\,FeSO_4 + 8\,H_2SO_4 = 2\,MnSO_4 + 5\,Fe_2(SO_4)_3 + K_2(SO_4) + 8\,H_2O.$$

c) *Oxalsäure* zu Kohlendioxyd oxydiert:

$$MnO(OH)_2 + C_2H_2O_4 + H_2SO_4 = MnSO_4 + 2\,CO_2 + 3\,H_2O$$

usw.

Vorprüfung: a) Phosphorsalzperle in der Oxydationsflamme *violett*, in der Reduktionsflamme *farblos*. Berührt man die noch heiße, nur Spuren einer Manganverbindung enthaltende Perle mit einem Salpeterkrystall, so verwandelt sich die farblose Perle in eine *rote schaumige* Masse.

b) *Permanganate* entwickeln beim Erhitzen mit konzentrierter Schwefelsäure Sauerstoff; zunächst entsteht Mn_2O_7, das beim weiteren Erhitzen unter Detonation zerfällt. (**Vorsicht!**)

5. Zink $Zn = 65,27$.

(Zweiwertig.)

Zinkhydroxyd $Zn(OH)_2$ verhält sich gegen Säuren als Base, gegen Kali- und Natronlauge wie eine schwache Säure.

Zink löst sich unter Wasserstoffentwicklung

1. leicht in verdünnten Säuren, z. B.:

$$Zn + 2\,HCl =$$

Die Lösungen enthalten das *Kation* $Zn^{\cdot\cdot}$.

2. in Kali- oder Natronlauge beim Erwärmen allmählich.

Die Lösungen enthalten Zinkate: $K_2(ZnO_2)$ und $Na_2(ZnO_2)$ mit dem *Anion* ZnO'':

$$Zn + 2KOH = K_2(ZnO_2) + H_2.$$

3. beim Behandeln mit Ammoniak.

Die Lösung enthält *komplexe Kationen*, z. B. $Zn(NH_3)_n^{\cdot\cdot}$:

$$Zn + 4NH_4(OH) = [Zn(NH_3)_4^{\cdot\cdot}] + 4H_2O.$$

Zinksalzlösungen geben mit:

1. *Schwefelwasserstoff*, wenn *freie Mineralsäuren* in hinreichender Menge vorhanden sind, *keinen* Niederschlag; nach Zusatz von Natriumacetat wird weißes Schwefelzink ZnS gefällt.

2. *Schwefelammonium:* weißes Schwefelzink:

$$ZnSO_4 + (NH_4)_2S =$$

Kalt gefällt, entstehen leicht kolloidale Lösungen, die trüb durchs Filter gehen.

3. *Kali-* und *Natronlauge:* einen vorübergehenden *weißen* Niederschlag von Zinkhydroxyd:

$$ZnCl_2 + 2NaOH =$$
$$Zn(OH)_2 + 2NaOH =$$

Kocht man die Lösung des Zinkats, so entsteht, *wenn ein nur geringer Überschuß von Alkali* verwendet wurde, rückwärts ein *weißer* Niederschlag von Hydroxyd:

$$Zn(OH)_2 + 2NaOH \rightleftarrows Na(ZnO_2) + 2H_2O.$$

4. *Ammoniak* und *Ammoniumcarbonat* bewirken die gleichen Erscheinungen wie ad 3. Die Lösungen enthalten Komplexsalze, z. B.:

$$ZnCl_2 + 4NH_3 = [Zn(NH_3)_4]Cl_2$$

(Unterschied von Aluminium).

Aus allen alkalischen Lösungen wird durch Schwefelwasserstoff *weißes* Schwefelzink gefällt (Unterschied von *Al*).

5. *Natriumcarbonat* fällt Zinkcarbonat, oder auch Oxysalze, bei *Abwesenheit* von Ammoniumsalzen im Überschuß des Fällungsmittels unlöslich:

$ZnSO_4 + Na_2CO_3 =$

6. *Cyankalium:* zunächst weißes Cyanid $Zn(CN)_2$, das vom Überschuß des Fällungsmittels als Komplexsalz in Lösung geht:

$$Zn(CN)_2 + 2KCN = K_2[Zn(CN)_4].$$

Schwefelwasserstoff fällt aus der Lösung Schwefelzink, indem Zerfall der Komplexbildung eintritt (Unterschied von *Co* und *Ni*):

$$K_2[Zn(CN)_4] + (NH_4)_2S = ZnS + 2KCN + 2NH_4CN.$$

7. *Ferrocyankalium:* weißes Ferrocyanzink $Zn_2[Fe(CN)_6]$ in verdünnten Säuren *unlöslich:*

$$2ZnSO_4 + K_4[Fe(CN)_6] =$$

Vorprüfung: a) mit Kobaltlösung auf Kohle geglüht: *grüne* Masse: Rinnmanns Grün $Co(ZnO_2)$.
b) mit Soda auf Kohle geschmolzen: *weißer* Beschlag *ohne* Metallkörner.

NB. Die Vorprüfung ad a) kann in abgeänderter Form (vgl. S. 70 unten) auch bei der Analyse zur Entscheidung herangezogen werden, wenn nur eine geringe Trübung es zweifelhaft läßt, ob Zink vorliegt.

Die Trennung der Metalle der zweiten Hauptgruppe erfolgt nach Tabelle II. Hierbei ist zu beachten, daß die weitere Untersuchung des Niederschlags II abhängig ist von der Gegenwart

1. von *Phosphorsäure* und *Oxalsäure,*
2. von *Chrom.*

Hat die *Vorprüfung* keine sichern Anhaltspunkte gegeben, so prüfe:

a) auf *Phosphorsäure.* Löse einen Teil des Niederschlags II (oder des ursprünglichen Stoffes) in Salpetersäure, koche bis zur vollständigen Oxydation des H_2S und prüfe mit Ammoniummolybdat.

b) auf *Oxalsäure.* Nach dem Auskochen mit Sodalösung versetze das Filtrat mit Chlorcalcium und Essigsäure bis zur sauren Reaktion.

1. a) *Entfernung der Phosphorsäure* aus Niederschlag II.

Löse denselben in wenig Salzsäure, füge Natriumacetat und Eisenchlorid hinzu und verfahre nach 2, S. 60.

Bei Gegenwart von Aluminium und Chrom werden auch diese mit dem Eisen als *Phosphate* gefällt. *Aluminiumphosphat* läßt sich durch Kochen mit Kalilauge aus dem Rückstand ausziehen. Beim Behandeln desselben mit Kalilauge und Bromwasser geht Chrom als *Chromat* in Lösung.

Oder: Klatsche den Niederschlag in eine Porzellanschale ab, löse in Salpetersäure, dampfe ein, füge hierauf konzentrierte Salpetersäure und Zinn hinzu und verfahre nach 3, S. 60. Oxalsäure bleibt in der Lösung und ist nach 1. b) zu entfernen.

1. b) *Entferuung der Oxalsäure* aus Niederschlag II.

Klatsche denselben in eine Porzellanschale ab und koche ihn mit Sodalösung aus. Der nun oxalsäurefreie Rückstand ist nach dem Auswaschen (wie lange?) in Salzsäure zu lösen und die Lösung nach Tab. II weiter zu untersuchen.

2. **Bei Gegenwart von Chrom** — alle Chromverbindungen sind gefärbt und geben eine grüne Phosphorsalzperle — behandle den (*phosphorsäure-* und *oxalsäurefreien)* Niederschlag II zunächst, wie in der zweiten Tabelle angegeben. Nach dem Lösen in Salzsäure usw. und Übersättigen mit Natronlauge füge *Wasserstoffperoxyd* oder *Bromwasser* hinzu und erwärme. Hierbei geht Chromit in lösliches Chromat, vorhandenes Mangan in Manganihydroxyd über, das neben Ferrihydroxyd auf dem Filter bleibt. Das *gelbe* Filtrat, welches neben Chrom auch Aluminium und Zink enthalten kann, ist mit Salzsäure anzusäuern und hierauf mit Salmiak und Ammoniak bis zur alkalischen Reaktion zu versetzen und zu kochen. Hierbei scheidet sich Aluminium als $(AlOH)_3$ aus. Das Filtrat säuere mit

Essigsäure an, füge Natriumacetat und hierauf Bariumchlorid hinzu und erwärme. Der gelbe Niederschlag enthält das Chrom als $BaCrO_4$. Der Nachweis von Zink erfolgt im Filtrat mit Schwefelwasserstoff. —

Dritte Hauptgruppe.

Silber, Quecksilber, Blei, Kupfer, Cadmium, Wismut. Arsen, Antimon, Zinn.

Die erste Hauptgruppe umfaßt diejenigen Metalle, deren Verbindungen in *saurer* Lösung durch *Schwefelwasserstoff gefällt werden.*

Silber, Quecksilber und Blei werden vielfach in eine Vorgruppe zusammengefaßt. Es läßt sich jedoch *nur Silber* unter allen Umständen durch Salzsäure von den übrigen Metallen trennen, da Bleichlorid etwas löslich ist und das zweiwertige Quecksilber von Salzsäure nicht gefällt wird.

Die entstehenden Schwefelmetalle (Sulfide) sind in *Schwefelammonium* entweder *löslich* oder *nicht löslich.* Dieses Verhalten dient zur Trennung der in diese Gruppe gehörigen Metalle in zwei Unterabteilungen:

A. *Metalle, deren Sulfide in Schwefelammonium unlöslich sind* (Silber, Quecksilber, Blei, Kupfer, Wismut, Cadmium).

B. *Metalle, deren Sulfide in Schwefelammonium löslich sind* (Arsen, Antimon, Zinn).

A. Erste Unterabteilung.

(*Silber, Quecksilber, Blei, Kupfer, Cadmium, Wismut.*)

Die Metalle dieser Unterabteilung lösen sich leicht in Salpetersäure und mehr oder weniger in heißer konzentrierter Schwefelsäure. In Salzsäure und verdünnter Schwefelsäure sind mit Ausnahme des Cadmiums die Metalle für sich (bei Luftabschluß) nicht löslich.

Die Sauerstoffverbindungen der genannten Metalle besitzen den Charakter einer Base.

Die Schwefelmetalle sind in Schwefelammonium unlöslich.[1] Daher werden die Verbindungen der genannten Metalle nicht nur in *saurer*, sondern auch in *ammoniakalischer* Lösung durch Schwefelwasserstoff (bzw. Schwefelammonium) als Schwefelmetalle gefällt.

Salpetersäure verwandelt die Schwefelmetalle (mit Ausnahme des Quecksilbersulfids) unter Abscheidung von Schwefel in leicht lösliche Nitrate, z. B.:

$$3PbS + 8HNO_3 = 3Pb(NO_3)_2 + 4H_2O + 2NO + 3S\,.$$

Der ausgeschiedene Schwefel wird beim Kochen mit konzentrierter Salpetersäure allmählich in *Schwefelsäure* verwandelt, welche die Bildung von *Bleisulfat* bewirkt, wenn die mit Salpetersäure behandelten Metalle Bleisulfid enthalten.

Silber, Kupfer und Cadmium haben große Neigung, mit der Radikalen CN und NH_3 *Komplexsalze* zu bilden, deren von den einfachen Salzen abweichendes Verhalten zu beachten ist.

1. Silber $Ag = 107{,}88$.

(Einwertig.)

Silberoxyd, Ag_2O, die entsprechende Hydroxylverbindung ist nicht bekannt.

Das geeignetste Lösungsmittel ist verdünnte Salpetersäure; konzentrierte Schwefelsäure löst nur in der Hitze. Von verdünnter Schwefelsäure und von Salzsäure wird Silber nicht verändert.

Die Lösungen enthalten das *einwertige* Silberion $Ag^{\cdot}$. In alkalisch reagierenden Lösungen sind die *komplexen* Ionen: $Ag(NH_3)_2^{\cdot}$ und $Ag(CN)_2'$ zu beachten.

1. *Salzsäure* und lösliche *Chloride*, letztere jedoch, sofern die Lösung alkalisch reagiert, erst nach dem Ansäuren mit Salpetersäure, fällen weißes, käsiges, am Lichte sich dunkler färbendes Chlorsilber:

$$AgNO_3 + HCl =$$

[1] Bezüglich des Schwefelkupfers vgl. 1, S. 96.

das in **Ammoniak**, **Cyankalium** und **Natriumthiosulfat** unter Bildung von *Komplex*salzen sich löst:

$$AgCl + 2NH_3 = [Ag(NH_3)_2]Cl,$$
$$AgCl + 2KCN = K[Ag(CN)_2] + KCl,$$
$$AgCl + Na_2S_2O_3 = Na[AgS_2O_3] + NaCl.$$

Die Lösungen reagieren *alkalisch*, beim Ansäuren mit Salpetersäure scheidet sich *Chlorsilber* unter Zerfall der komplexen Ionen wieder ab:

$$[Ag(NH_3)_2]Cl + 2HNO_3 +$$

In ähnlicher Weise wie Chlorsilber werden auch andere unlösliche Silberverbindungen von Ammoniak, Cyankalium und Natriumthiosulfat (Fixiersalz) gelöst.

2. *Schwefelwasserstoff* und *Schwefelammonium* fällen schwarzes Schwefelsilber Ag_2S:

$$2AgNO_3 + H_2S =$$

Schwefelsilber wird von Salpetersäure beim Erwärmen unter Abscheidung von Schwefel zu *Silbernitrat* gelöst:

$$..\,Ag_2S + ..\,HNO_3 =$$

Cyankalium löst es allmählich, Ammoniak und Natriumthiosulfat nicht.

3. *Ammoniak* gibt keine bleibende Fällung, das vorübergehend auftretende Silberoxyd löst sich im Überschuß unter Komplexbildung auf.

$$AgNO_3 + 3NH_4OH =$$

Fügt man zu einer Silberlösung tropfenweise Ammoniak, bis sich der Niederschlag gerade wieder gelöst hat, so entsteht nach Zusatz einiger Tropfen Natriumtartrat beim Erwärmen ein Silberspiegel an den von der Flüssigkeit bedeckten Wandungen des Probierglases. (Vgl. 3, S. 153.)

4. *Natron* oder *Kalilauge* erzeugen einen braunschwarzen Niederschlag von Silberoxyd:

$$2AgNO_3 + 2NaOH =$$

Vermeide es unter allen Umständen, Silberlösungen, welche gleichzeitig Ammoniak oder Ammoniumsalze enthalten, mit Natron- oder Kalilauge zu versetzen, weil hierbei das selbst im feuchten Zustande mit sehr großer

Heftigkeit explodierende Bertholletsche Knallsilber entstehen kann.

5. In nicht alkalisch reagierenden Silbersalzlösungen geben

a) in Salpetersäure *unlösliche* weiße oder gelblich gefärbte Niederschläge: Bromide, Jodide, Cyanide und Ferrocyanide.

b) in Salpetersäure *lösliche* weiß, gelb, rot oder braungefärbte Niederschläge: Carbonate, Chromate, Phosphate Arseniate und Arsenite (vgl. die betreffenden Säuren).

Vorprüfung: Beim Schmelzen mit Soda auf Kohle: weißglänzendes, duktiles Metall.

2. Quecksilber $Hg = 200{,}6$.

(Ein- und Zweiwertig.)

Quecksilberoxydul Hg_2O } (die Hydroxylverbindungen sind nicht
Quecksilberoxyd HgO } bekannt.)

Die Salze werden als *Mercuro-* (oxydul) und *Mercuri-* (oxyd-) Salze unterschieden.

Quecksilber wird von Salpetersäure je nach der Konzentration und Temperatur derselben zu Mercuro- oder Mercurinitrat gelöst:

$$3\,Hg + 4\,HNO_3 = 3\,HgNO_3 + NO + 2\,H_2O$$
$$3\,Hg + 8\,HNO_3 = 3\,Hg(NO_3)_2 + 2\,NO + 4\,H_2O\,.$$

Die Lösungen enthalten das *einwertige* Mercuroion $Hg^{\cdot}$ oder das zweiwertige Mercuriion $Hg^{\cdot\cdot}$

Von Salzsäure und verdünnter Schwefelsäure wird Quecksilber nicht verändert, Königswasser löst es zu Mercurichlorid.

Mercurosalze gehen leicht unter Abspaltung von metallischem Quecksilber in die beständigeren Mercurisalze über.

1. *Salzsäure* und lösliche *Chloride* geben mit:

a) Mercuronitratlösung: einen *weißen*, im Überschuß

des Fällungsmittels unlöslichen Niederschlag Hg_2Cl_2[1] der durch Ammoniak schön schwarz[2] wird:

$$Hg_2(NO_3)_2 + 2\,HCl =$$
$$Hg_2Cl + 2\,NH_3 =$$

Chlorwasser und Königswasser lösen Hg_2Cl_2 auf:

$$Hg_2Cl_2 + Cl_2 = 2\,HgCl_2 .$$

b) Mercurisalzen *keinen Niederschlag.*

2. *Schwefelwasserstoff* und *Schwefelammonium:*

a) Mercuronitrat: *sogleich* einen *schwarzen* aus HgS und Hg bestehenden Niederschlag, aus dem sich Quecksilber durch Salpetersäure ausziehen läßt:

$$Hg_2(NO_3)_2 + H_2S = HgS + Hg + 2\,HNO_3 .$$

b) Mercuriverbindungen: zunächst einen hellen Niederschlag,[3] der weiterhin dunkler wird und schließlich in schwarzes Quecksilbersulfid HgS übergeht[1]:

$$HgCl_2 + H_2S = HgS + 2\,HCl .$$

Quecksilbersulfid wird von Salpetersäure *nicht* gelöst[3] und unterscheidet sich dadurch von *allen anderen Schwefelmetallen.* Konzentrierte Lösungen von Kalium- und *Natriumsulfid* (nicht aber Schwefelammonium) lösen zu $[HgS_2]K_2$ und $[HgS_2]Na_2$. Das geeignetste Lösungsmittel ist Königswasser:

$$3\,HgS + 2\,HNO_3 + 6\,HCl = 3\,HgCl_2 + 3\,S + 2\,NO + 4\,H_2O;$$

3. *Ammoniak* erzeugt sowohl in Mercuro- als auch in Mercurisalzlösungen Niederschläge, welche als Ammoniumsalze, in denen ein Teil der Wasserstoffatome durch $Hg^{\cdot}$ oder $Hg^{\cdot\cdot}$ ersetzt ist, aufgefaßt werden können, und zwar mit

[1] Die Formel Hg_2Cl_2 ergibt sich aus der Dampfdichte, in Lösungen sind daher Doppelionen ($Hg^{\cdot}Hg^{\cdot}$) anzunehmen.

[2] Daher die alchemistische Bezeichnung „Kalomel“ für Mercurochlorid, vom griechischen: Kalos = schön und melas = schwarz.

[3] Die vorübergehend auftretende Verbindung ist ein Oxysalz, in dem S an Stelle von O steht, z. B. $Hg_3S_2Cl_2$, $Hg_3S_2(NO_3)_2$; letztere Verbindung entsteht auch, wenn HgS dauernd mit konzentrierter Salpetersäure behandelt wird.

a) Mercuronitrat: einen *schwarzen* Niederschlag:

$$2\,HgNO_3 + 2\,NH_3 = NH_2Hg_2NO_3 + NH_4NO_3$$

b) Mercurisalzen: einen *weißen* Niederschlag:

$$HgCl_2 + NH_3 = NH_2HgCl + NH_4Cl\,.$$

4. *Natron-* oder *Kalilauge:*

a) Mercuronitrat: schwarzes Oxydul:

$$2\,HgNO_3 + 2\,KOH =$$

b) Mercurisalzen: gelbes Oxyd:

$$HgCl_2 + 2\,KOH =$$

5. *Jodkalium* fällt:

b) aus Mercuronitrat: die Hälfte des Quecksilbers als graues Metall:

$$2\,HgNO_3 + 4\,KJ = Hg + [HgJ_4]K_2 + 2\,KNO_3$$

a) aus Mercurisalzen: zinnoberrotes Quecksilberjodid, welches sich im Überschuß des Fällungsmittels als farbloses Komplexsalz $[HgJ_4]K_2$ löst:

$$HgCl_2 + 2\,KJ =$$
$$HgJ_2 + 2\,KJ =$$

NB. Mit Kali- oder Natronlauge versetzt, bleibt die Lösung des Komplexsalzes klar, sie dient als „Nesslers Reagens" zum Nachweis kleiner Mengen Ammoniak (S. 56, 2).

6. *Zinnchlorür* $SnCl_2$ und einige andere Reduktionsmittel reduzieren die Quecksilbersalze zu grauem, feinverteiltem metallischem *Hg;* Mercurisalze geben zunächst *weißes* Hg_2Cl_2*:*

$$2\,HgCl_2 + SnCl_2 = Hg_2Cl_2 + SnCl_4$$
$$Hg_2Cl_2 + SnCl_2 = 2\,Hg + SnCl_4\,.$$

Anmerk. Zu beachten ist, daß sich einige Mercurisalze gegen die gleichen Reagenzien *verschieden* verhalten. So wird insbesondere das Cyanid nach 3 bis 5 nicht gefällt, das Nitrat gibt mit Kaliumchromat einen roten Niederschlag von $HgCrO_4$, das Chlorid und das Cyanid dagegen *nicht*, usw.

Die Ursache dieses auffallenden Verhaltens liegt in dem *verschiedenen* Grad der *Ionisation* (S. 7), welchen die Lösungen der einzelnen Salze erleiden. Das Cyanid, obwohl in Wasser ziemlich leicht löslich, enthält in dieser Lösung (die elektrische Leitfähigkeit der Lösung ist kaum meßbar) nur Spuren von Quecksilberionen, die zwar noch mit Schwefelionen (Schwefelwasserstoff und Schwefelammonium) reagieren, nicht aber zur Bildung von Niederschlägen mit den anderen Reagenzien ausreichen, weil hier das Löslichkeitsprodukt (S. 13) nicht überschritten wird. Das Chlorid ist in seinen Lösungen hinreichend ionisiert, um an den allgemeinen Quecksilberreaktionen erkannt zu werden, nur mit Kaliumchromat tritt der Niederschlag nicht ein, der nur mit dem Nitrat, das am weitgehendsten ionisiert ist, entsteht.

Vorprüfung: Beim Erhitzen mit Glühröhrchen
a) für sich: Sublimat oder wie b) *und* gasförmige Produkte.
b) mit Soda und Kohle: aus kleinen Tröpfchen bestehendem Metallspiegel.

Ferner läßt sich in der zu untersuchenden Lösung Quecksilber leicht nachweisen, wenn man sie mit blankem Kupfer zusammenbringt. Auf dem Kupfer scheidet sich graues Quecksilber ab, das beim Reiben glänzend wird und bei mäßigem Erhitzen wieder verschwindet.

3. Blei $Pb = 207,10$.

(Zwei- und vierwertig.)

Bleihydroxyd $Pb(OH)_2$ bildet sowohl mit Säuren, wie mit starken Basen (Kali- und Natronlauge) Salze; letztere, *Plumbite* genannt, enthalten das Blei, mit Sauerstoff verbunden, als *Anion* PbO_2'', z. B. $K_2(PbO_2)$.

Bleiperoxyd PbO_2, vom vierwertigen Blei sich ableitend, bildet keine analytisch in Betracht kommenden Salze.

Bleiperoxyd ist ein kräftiges *Oxydations*mittel. Entwickelt beim Erhitzen für sich im Glühröhrchen, auch beim Erhitzen mit konzentrierter Schwefelsäure Sauerstoff, mit konzentrierter Salzsäure Chlor; von Salpetersäure wird es erst nach Zusatz von Wasserstoffperoxyd oder von wenig Kaliumnitrit als Oxydsalz gelöst:

$$2PbO_2 + 2H_2SO_4 = O_2 + PbSO_4 + 2H_2O$$

$$PbO_2 + 4HCl = Cl_2 + PbCl_2 + 4H_2O$$

$$PbO_2 + H_2O_2 + 2HNO_3 = O_2 + Pb(NO_3)_2 + 2H_2O$$
$$PbO_2 + 2HNO_3 + KNO_2 = Pb(NO_3)_2 + KNO_3 + H_2O.$$

Blei ist in Salpetersäure leicht löslich; konzentrierte Schwefelsäure greift es nur in der Siedehitze ein wenig an, verdünnte Schwefelsäure und Salzsäure verändern Blei nicht.

Aus Bleisalzlösungen fällen:

1. *Salzsäure* und lösliche Chloride: weißes Bleichlorid $PbCl_2$, jedoch *nicht* aus *verdünnten* Lösungen:

$$Pb(NO_3)_2 + 2HCl =$$

1 Liter kaltes Wasser löst 7 g $PbCl_2$, erheblich leichter lösen: heißes Wasser und warme Salzsäure (beim Erkalten der Lösungen scheidet sich das Bleichlorid in weißen Krystallnadeln aus), sowie Kali- und Natronlauge. Ammoniak verwandelt Chlorblei in unlösliches Oxysalz.

Bromide, Jodide und Cyanide geben analoge Niederschläge (vgl. die betreffenden Säuren).

2. *Schwefelwasserstoff* und *Schwefelammonium:* schwarzes Bleisulfid *PbS;*

$$Pb(NO_3)_2 + H_2S =$$

NB. Die Fällung durch Schwefelwasserstoff ist nur in *verdünnten* und *nicht zu sauren* Lösungen eine vollständige.

Bleisulfid wird beim Erwärmen mit *verdünnter* Salpetersäure unter Abscheidung von Schwefel zu *Bleinitrat* gelöst:

$$3PbS + 8HNO_3 = 3Pb(NO_3)_2 + 3S + 2NO + 4H_2O,$$

beim längeren Erwärmen mit *konzentrierter* Salpetersäure in unlösliches *Bleisulfat* verwandelt:

$$3PbS + 8HNO_3 = 3PbSO_4 + 8NO + 4H_2O.$$

3. *Schwefelsäure* und lösliche Sulfate: weißes Bleisulfat:

$$Pb(NO_3)_2 + H_2SO_4 =$$

Das Bleisulfat ist in Wasser sehr schwer löslich (1 Liter löst 41 mg $PbSO_4$), etwas löslicher in verdünnter Salz- und Salpetersäure, unlöslich in Ammoniak, bei Gegenwart von Weinsäure jedoch unter Komplexsalzbildung in Ammoniak löslich; ferner lösen es leicht Kali- und Natronlauge (Unterschied von Bariumsulfat). Beim Kochen mit konzentrierter Salzsäure wird Bleisulfat in Bleichlorid, beim Digerieren mit Ammoniumcarbonat in Bleicarbonat verwandelt.

4. *Natron-* oder *Kalilauge:* Bleihydroxyd $Pb(HO)_2$, das im Überschuß des Fällungsmittels als Plumbit wieder in Lösung geht:

$$Pb(NO_3)_2 + 2NaOH = Pb(OH)_2 + 2NaNO_3$$
$$Pb(OH)_2 + 2NaOH = Na_2(PbO_2) + 2H_2O.$$

Das Bleihydroxyd hat somit einen *zwiefachen* (amphoteren) Charakter. Mit Säuren bildet es Salze mit dem *Kation* $Pb^{\cdot\cdot}$, mit den Alkalien Salze mit dem *Anion* PbO_2'' (Plumbite).

NB. Alle Bleiverbindungen, mit Ausnahme von Bleisulfid, werden von den Alkalien als Plumbite gelöst.

Fügt man zur Lösung eines Plumbits

a) *Kaliumchromat*, so fällt beim Ansäuern mit *Essigsäure* gelbes Bleichromat aus:

$$Pb(OH)_2 + KOH + K_2CrO_4 + 3CH_3COOH$$
$$= PbCrO_4 + 3CH_3COOK + 3H_2O.$$

Bleichromat ist das in Wasser und Essigsäure am schwersten lösliche Bleisalz. 1 Liter Wasser löst 0,2 mg $PbCrO_4$.

b) *Natriumhypochlorit* oder *Bromwasser* und hierauf Essigsäure bis zur sauren Reaktion, so scheidet sich beim Kochen braunes Bleiperoxyd ab:

$$Pb(OH)_2 + NaOCl = PbO_2 + NaCl + H_2O.$$

5. *Ammoniak* fällt aus neutralen und sauren Lösungen $Pb(OH)_2$, unlöslich im Überschuß des Fällungsmittels.

6. *Kohlensaure Alkalien* fällen aus neutralen und sauren Lösungen basische Salze von wechselnder Zusammensetzung (Bleiweiß), z. B. $Pb_3(OH)_2(CO_3)_2$

Vorprüfung: Mit Soda auf Kohle erhitzt: schwach *gelblich* gefärbter *Beschlag* und *ductile Metallkörner.*

4. Kupfer $Cu = 63,57$.

(Zwei und einwertig.)

Kupferhydroxyd $Cu(HO)_2$ zerfällt beim Erwärmen in Oxyd und Wasser; die Lösungen der Salze sind blau oder grün gefärbt. Die Halogensalze gehen leicht in die niedere Oxydationsstufe über.

Kupferoxydul Cu_2O, rot, hat schwach basischen Charakter.

Kupfer wird von Salpetersäure leicht gelöst, konzentrierte Schwefelsäure wirkt nur in der Hitze ein.

Die Lösungen enthalten das zweiwertige Cupriion $Cu^{\cdot\cdot}$, vom einwertigen Kupfer kommen analytisch nur die Halogenverbindungen in Betracht.

In alkalisch reagierenden Lösungen sind *komplexe* Ionen: $Cu(NH_3)_4^{\cdot\cdot}$, $Cu_2(CN)_4''$ usw. zu beachten.

Aus den Lösungen der *Cupri*-(oxyd-)salze fällen:

1. *Schwefelwasserstoff* und *Schwefelammonium* schwarzes CuS, welches in Schwefelammonium (unter Komplexbildung) nicht ganz unlöslich ist.

NB. Von Arsen, Antimon und Zinn trennt man daher das Kupfer besser durch Behandeln des Schwefelwasserstoffniederschlages mit (einfach) *Schwefelkalium*, welches Kupfersulfid nicht löst.

$$CuSO_4 + H_2S =$$

Kupfersulfid wird beim Erwärmen mit Salpetersäure unter Abscheidung von Schwefel zu Cuprinitrat gelöst.

$$\ldots CuS + \ldots HNO_3 =$$

Cyankalium löst Kupfersulfid (und andere Cupriverbindungen) unter Bildung des löslichen Komplexsalzes: $K_2[Cu_2(CN)_4]$

$$2\,CuS + 4\,KCN = K_2[Cu_2(CN)_4] + K_2S_2\,.$$

Bei Gegenwart freier Säure tritt infolge der Einwirkung auf K_2S_2 eine Abscheidung von Schwefel ein:

$$K_2S_2 + H_2SO_4 = K_2SO_4 + SH_2 + S.$$

NB. Bei Gegenwart von Cyankalium wird daher das Kupfer durch Schwefelwasserstoff oder Schwefelammonium *nicht* gefällt.

2. *Ammoniak* und Ammoniumcarbonat blaugrünes Oxysalz, das sich im Überschuß des Fällungsmittels mit *dunkelblauer* Farbe als Komplexsalz löst. Die Blaufärbung ist noch bei einem Gehalt von 0,00001 Kupfer erkennbar.

$$CuSO_4 + 4NH_3 = [Cu(NH_3)_4]SO_4$$

Cyankalium entfärbt die Lösung unter Umwandlung in ein (*CN*)-haltiges Komplexsalz und Kaliumcyanat:

$$2[Cu(NH_3)_4]SO_4 + 5KCN + 7H_2O = [Cu_2(CN)_4]K_2 + KCNO + K_2SO_4 + (NH_4)_2SO_4 + 6NH_4HO.$$

Die Lösung gibt mit Schwefelwasserstoff *keinen* Niederschlag (Unterschied von Cadmium).

3. *Natron-* oder *Kalilauge* fällen blaues Hydroxyd, *Alkalicarbonate* ein Gemisch von Hydroxyd und Carbonat — jedoch nur bei Abwesenheit von *Ammonium*salzen; beim Kochen gehen die Niederschläge in schwarzes *Oxyd* über:

$$CuSO_4 + 2NaOH =$$
$$Cu(OH)_2 =$$

NB. Bei *Gegenwart* von arseniger Säure oder von Weinsäure, Glycerin und anderen organischen Substanzen werden die Kupfersalze durch Alkalilauge **nicht** gefällt; in der tiefblauen alkalischen Lösung wird das Kupferoxyd beim Erhitzen mit Hydroxylamin, arseniger Säure, Traubenzucker und anderen Reduktionsmitteln zu unlöslichem, rotem Kupferoxydul reduziert, z. B.

$$2CuSO_4 + 2NH_2OH + 4NaOH = Cu_2O + N_2 + 2Na_2SO_4 + 5H_2O.$$

4. *Ferrocyankalium* gibt mit schwach sauren (am besten essigsauren) Cuprisalzlösungen: rotbraunes Ferrocyankupfer:

$$2CuSO_4 + K_4[Fe(CN)_6] = Cu_2[Fe(CN)_6] + 2K_2CO_4.$$

In sehr verdünnten Lösungen tritt nur Rotfärbung ein. Die Reaktion ist empfindlicher, wie die Blaufärbung durch Ammoniak.

5. *Jodkalium:* Cuprojodid (Kupferjodür) Cu_2J_2 unter gleichzeitiger Ausscheidung von Jod:

$$2CuSO_4 + 4KJ = Cu_2J_2 + 2J + 2K_2SO_4.$$

Auf Zusatz einer wäßrigen Lösung von Schwefeldioxyd verschwindet das Jod und der Niederschlag erscheint rein weiß:

$$2J + SO_2 + 2H_2O = 2JH + H_2SO_4.$$

6. *Rhodankalium (CNS-ion)*, nach Zusatz von Schwefeldioxyd: weißes Cuprorhodanid (Kupferrhodanür):

$$2CuSO_4 + 4KCNS + SO_2 + 2H_2O = Cu_2(CNS)_2 + 2CNSH + H_2SO_4.$$

Vorprüfung: a) *grüne* oder *blaue* Flammenfärbung, insbesondere nach dem Befeuchten mit Salzsäure;
b) Phosphorsalzperle: in der Reduktionsflamme *rotbraun*, undurchsichtig; in der Oxydationsflamme, heiß: *grün*, kalt: *blau*.
c) Beim Schmelzen mit Soda: *rote* Metallflitter.

Ferner läßt sich Kupfer leicht nachweisen, wenn man in die zu untersuchende Lösung blankes Eisen, z. B. eine Stricknadel, eintaucht. Auf dem Kupfer entsteht ein roter Überzug von Kupfer.

5. Cadmium $Cd = 112{,}40$.

(Zweiwertig.)

Cadmiumhydroxyd $Cd(OH)_2$.

Cadmium wird von Salpetersäure leicht, von Salzsäure und verdünnter Schwefelsäure langsamer gelöst.

Die Lösungen enthalten das *zweiwertige* Cadmiumion: $Cd^{\cdot\cdot}$; in alkalisch reagierenden Lösungen sind die *komplexen* Ionen: $Cd(NH_3)_4^{\cdot\cdot}$ und $Cd(CN)_4''$ zu beachten.

Aus den Lösungen der Cadmiumsalze fällen:

1. *Schwefelwasserstoff* gelbes Cadmiumsulfid CdS unlöslich in Schwefelammonium und Cyankalium. Daher wird Cadmium auch aus Lösungen, die zugleich Cyankalium enthalten, durch Schwefelwasserstoff gefällt (Unterschied von Kupfer):

$$CdSO_4 + H_2S =$$

Cadmiumsulfid wird von *konzentrierter* Salzsäure, auch von nicht zu verdünnter Schwefelsäure beim Kochen unter Entwicklung von Schwefelwasserstoff gelöst. Aus stark sauren und heißen Lösungen wird daher Cadmium nicht oder unvollständig gefällt. Salpetersäure löst unter Abscheidung von Schwefel.

2. *Natron-* oder *Kalilauge:* weißes, im Überschuß des Fällungsmittels unlösliches Hydroxyd:

$$Cd(NO_3)_2 + 2NaHO =$$

3. *Ammoniak* zunächst Hydroxyd, das sich auf weiteren Zusatz von Ammoniak als Komplexsalz löst:

$$CdCl_2 + 2NH_4OH = Cd(OH)_2 + 2NH_4Cl,$$
$$CdCl_2 + 4NH_4HO = [Cd(NH_3)_4]Cl_2 + 4H_2O.$$

4. *Alkalicarbonat:* weißes Oxysalz, in Ammoniumcarbonat unlöslich (Unterschied von Zink), in Cyankalium unter Komplexbildung löslich.

5. *Cyankalium:* zunächst weißes $Cd(CN)_2$, das sich im Überschuß unter Komplexbildung löst:

$$CdCl_2 + 2KCN = Cd(CN)_2 + 2KCl$$
$$CdCl_2 + 4KCN = K_2[Cd(CN)_4] + 2KCl.$$

Vorprüfung: Mit Soda auf Kohle erhitzt: brauner Beschlag ohne Metallkörner.

6. Wismut $Bi = 208{,}0$.

(Dreiwertig.)

Wismuthydroxyd $Bi(OH)_3$, sehr schwache Base, geht leicht unter Wasserabspaltung in
Wismutylhydroxyd $BiO(OH)$ über.

Wismut löst sich nur in Salpetersäure und Königswasser (leicht) und in konzentrierter Schwefelsäure in der Hitze (schwer).

In den Lösungen, welche das *dreiwertige* Wismution $Bi^{\cdot\cdot\cdot}$ enthalten, entstehen auf Zusatz von:

1. *Wasser*, infolge *hydrolytischer* Spaltung, weiße Niederschläge, von Wismutylsalzen, mit dem *einwertigen* Wismutylion $BiO^{\cdot}$:

$$BiCl_3 + H_2O = (BiO)Cl + 2HCl$$
$$Bi(NO_3)_3 + H_2O = (BiO)NO_3 + 2HNO_3.$$

Wismutylnitrat ist in Wasser etwas löslich, die Fällung erfolgt daher aus Wismutnitratlösung leichter nach Zusatz eines Chlorids oder von (wenig) Salzsäure, *auch bei Gegenwart von Weinsäure* (Unterschied von Antimon).

Die Wismutylverbindungen lassen sich als basische Wismutsalze auffassen, wenn man sich ihre Entstehung zerlegt denkt in eine hydrolytische Spaltung und darauffolgenden Wasseraustritt, z. B.:

$$BiCl_3 + H_2O = Bi(OH)_2Cl + 2HCl$$
$$Bi(OH)_2Cl = (BiO)Cl + H_2O.$$

2. *Schwefelwasserstoff* und *Schwefelammonium*: schwarzbraunes Wismutsulfid Bi_2S_3.

$$\ldots Bi(NO_3)_3 + \ldots H_2S =$$

Wismutsulfid wird beim Erwärmen mit Salpetersäure unter Abscheidung von Schwefel zu Wismutnitrat gelöst.

$$\ldots Bi_2S_3 + \ldots HNO_3 =$$

3. *Natron-*, *Kalilauge* und *Ammoniak:* weißes Wismuthydroxyd:

$$BiCl_3 + 3NaOH =$$

das beim Erwärmen in Wismutylhydroxyd übergeht.

$$Bi(OH)_3 =$$

4. *Kaliumchromat:* rotes Wismutylchromat:

$$2BiCl_3 + K_2CrO_4 + 2H_2O = (BiO)_2CrO_4 + 2KCl + 4HCl.$$

Der Niederschlag ist in Alkalilauge unlöslich (Unterschied von Blei), in nicht zu verdünnten Mineralsäuren löslich.

5. *Reduktion zu Metall.* Fügt man zu einer Lösung von Natriumstannit[1] einen Tropfen einer Wismutsalzlösung, so scheidet sich sofort feinverteiltes *schwarzes Wismut* aus:

$$SnCl_2 + 2NaOH = Na_2(SnO_2) + 2NaCl + H_2O$$
$$Bi(NO_3)_3 + 3NaOH = Bi(OH)_3 + 3NaNO_3$$
$$2Bi(OH)_3 + 3Na_2(SnO_2) = 2Bi + 3Na_2(SnO_3) + 3H_2O.$$

[1] Durch Auflösen eines Körnchens Zinn in wenig konzentrierter Salzsäure und Vermischen der Lösung mit überschüssiger Natronlauge frisch zu bereiten.

Vorprüfung: Mit Soda auf Kohle geschmolzen: brauner Beschlag und *spröde* Metallkörner.

Die Trennung und der Nachweis der einzelnen Metalle der vorstehenden Gruppe ergibt sich aus Tab. II.

B. Zweite Unterabteilung.

(Zinn, Antimon, Arsen).

Zinn, Antimon und Arsen bilden Basen *und* Säuren, zeigen also *gleichzeitig* die Eigenschaft eines Metalls und Nichtmetalls. Die Neigung zur Säurebildung ist beim Arsen am größten, beim Zinn tritt der metallische Charakter am meisten hervor.

Vom zwei- und vierwertigen Zinn, wie auch vom Antimon und Arsen, die drei- und fünfwertig sind, gibt es je 2 Oxydationsstufen:

$$\begin{matrix} SnO & Sb_2O_3 & As_2O_3 \\ SnO_2 & Sb_2O_5 & As_2O_5 \end{matrix}$$

Hiervon leiten sich (durch Addition von Wasser) die Hydroxyde ab, z. B.:

$$As_2O_3 + 3\,H_2O = 2\,As(OH)_3\,,$$

welche sowohl mit Säuren, wie mit Basen Salze bilden, also einen amphoteren Charakter haben:

$$As(OH)_3 + 3\,HCl = AsCl_3 + 3\,H_2O$$
$$As(OH)_3 + 3\,NaOH = Na_3(AsO_3) + 3\,H_2O\,.$$

Die Lösungen der Salze enthalten entweder *Kationen*, $As^{\cdot\cdot\cdot}$ im ersten oder *Anionen* AsO_3''' im zweiten Falle.

Die *Anionen* des Arsens und Antimons bilden 3 Reihen, die des Zinns 2 Reihen von Salzen; zur Unterscheidung derselben sind die Bezeichnungen: Ortho-, Pyro- und Meta- üblich, z. B.

$$Sb_2O_5 + 3\,H_2O = 2\,H_3SbO_4 \text{ (Orthoantimonsäure)}$$
$$Sb_2O_5 + 2\,H_2O = H_4Sb_2O_7 \text{ (Pyroantimonsäure)}$$
$$Sb_2O_5 + H_2O = 2\,HSbO_3 \text{ (Metaantimonsäure)}\,.$$

Die Säuren, von denen sich die Salze ableiten, sind in freiem Zustande nur zum Teil bekannt.

Die Salze, welche die Metalle als *Kationen* enthalten,

erleiden durch Hydrolyse einen Zerfall in Oxysalz und freie Säure, z. B.:

$$SbCl_3 + H_2O = SbOCl + 2HCl.$$

Schwefelwasserstoff erzeugt in sauren Lösungen einen in Schwefelammonium löslichen Niederschlag, woraus sich die Einreihung von Arsen, Antimon und Zinn in den Gang der Aufsuchung ergibt. Die Sulfide haben den Charakter einer *Säure.* Derselbe kommt in der Vereinigung mit den *Schwefelbasen* (Schwefelammonium, -kalium und -natrium) zu salzartigen löslichen Verbindungen zum Ausdruck, z. B.:

$$As_2S_3 + 3(NH_4)_2S = 2(NH_4)_3AsS_3$$
$$Sb_2S_5 + 3K_2S = 2K_3SbS_4$$
$$SnS_2 + Na_2S = Na_2SnS_3$$

welche *Sulfosalze* — Ammoniumsulfarsenit, Kaliumsulfantimoniat Natrium(meta-)sulfostannat — genannt werden. Dieses Verhalten dient *zur Trennung* von den *anderen* in sauren Lösungen durch Schwefelwasserstoff *fällbaren Metallen* (*Ag, Hg, Pb, Cu, Bi, Cd*).

Durch Säuren werden die Sulfosalze rückwärts in Sulfide, in Schwefelwasserstoff und das betreffende Alkalisalz zerlegt:

$$2(NH_4)_3AsS_3 + 6HCl = As_2S_3 + 3H_2S + 6NH_4Cl$$
$$2K_3SbS_4 + 3H_2SO_4 = Sb_2S_5 + 3H_2S + 3K_2SO_4$$
$$Na_2SnS_3 + 2HCl = SnS_2 + H_2S + 2NaCl.$$

1. Zinn Sn = 119,0.

(Zwei- und vierwertig).

Zinnoxydul SnO \} Die Hydroxyde: $Sn(OH)_2$
Zinnoxyd SnO_2 \} und $Sn(OH)_4$ haben

amphoteren Charakter. Die Salze mit starken Säuren spalten *Kationen:* $Sn^{\cdot\cdot}$ (Stannoion) und $Sn^{\cdot\cdot\cdot\cdot}$ (Stanniion) ab, die Salze mit starken Basen *Anionen:* SnO_2'' (Stannite) und SnO_3'' (Stannate).

Zinn wird von konzentrierter Salzsäure zu Stannochlorid (Zinnchlorür), von Königswasser zu Stannichlorid (Zinnchlorid) gelöst. Salpetersäure verwandelt Zinn in weiße, *unlösliche* Metazinnsäure H_2SnO_3, die durch Behandeln mit Schwefelammonium in Lösung gebracht werden kann.

Die Oxydulverbindungen haben große Neigung, in die höhere Oxydationsstufe überzugehen; Zinnchlorür wirkt daher als kräftiges Reduktionsmittel. Auch aus der Luft nimmt Zinnchlorür Sauerstoff auf und geht dabei allmählich in unlösliches Oxychlorid über:

$$2\,SnCl_2 + O_2 = 2\,SnOCl_2 .$$

Fügt man zu einer mit Salzsäure versetzten Lösung von Zinnchlorür einige Tropfen einer alkoholischen Jodlösung, so wird dieselbe sofort entfärbt (Unterschied von Zinnchlorid)

$$SnCl_2 + 2\,HCl + J_2 = SnCl_4 + 2\,H .$$

1. *Schwefelwasserstoff* fällt aus sauren Lösungen

a) der Stannosalze: braunes Zinnsulfür SnS:

$$SnCl_2 + H_2S =$$

SnS wird von *farblosen* (Einfach-) Schwefelammonium nicht, dagegen leicht von *gelbem* (Mehrfach-) Schwefelammonium (vgl. S. 170) gelöst; Säuren fällen aus der Lösung Zinnsulfid SnS_2:

$$SnS + 2(NH_4)_2S_2 = Sn(NH_4)_2S_3$$
$$Sn(NH_4)_2S_3 + H_2SO_4 =$$

b) der Stannisalze: *gelbes* Zinnsulfid SnS_2:

$$SnCl_4 + 2\,H_2S =$$

Zinnsulfid ist in Schwefelammonium, sowie in Kali- und Natronlauge leicht löslich; auch in heißer *konzentrierter* Salzsäure unter Entwicklung von H_2S:

$$SnS_2 + (NH_4)_2S =$$
$$3\,SnS_2 + 6\,KOH = 2\,K_2SnS_3 + K_2SnO_3 + 3\,H_2O.$$

Das auf trocknem Wege hergestellte Zinnsulfid (Mussivgold) löst sich nur in Königswasser.

2. *Natron- und Kalilauge* fällen aus Lösungen

a) der Stannosalze weißes Stannohydroxyd $Sn(OH)_2$, im Überschuß der Fällungsmittel als Stannit löslich:

$$SnCl_2 + 2\,NaOH =$$
$$Sn(OH)_2 + 2\,NaOH =$$

Fügt man zu der Lösung wenige Tropfen einer Wismutsalzlösung (vgl. S. 100), so entsteht (unter Bildung von Stannat) ein schwarzer Niederschlag von Wismut (Unterschied von Zinnsäure);

b) der Stannisalze weiße (Ortho-) Zinnsäure $Sn(OH)_4$,

die im Überschuß des Fällungsmittels als (Meta-) Stannat in Lösung geht:

$$SnCl_4 + 4NaOH =$$
$$Sn(OH)_4 + 2NaOH =$$

Die Lösung in Kalilauge trübt sich anf weiteren Zusatz derselben von neuem, da das Kaliumstanat in viel Kalilauge schwer löslich ist.

NB. Die durch Einwirkung von Salpetersäure auf Zinn entstehende (Meta-) Zinnsäure wird von Alkalien *nicht* gelöst.

Ammoniak und *Alkalicarbonate* verhalten sich gegen Zinnsalzlösungen ähnlich wie Alkalilaugen, jedoch lösen sich die entstehenden Niederschläge nicht oder nur unvollständig im Überschuß des Fällungsmittels auf.

3. Bringt man in die saure Lösung einer Zinnverbindung *Zink* (am besten in Stangenform), so scheidet sich an demselben das Zinn als schwammiges Metall ab:

$$SnCl_2 + Zn = Sn + ZnCl_2$$
$$SnCl_4 + 2Zn = 2Sn + 2ZnCl_2$$

welches sich leicht mechanisch von dem Zink trennen läßt. Das ausgeschiedene Zinn löst sich in konzentrierter Salzsäure unter Wasserstoffentwicklung zu *Zinnchlorür.*

4. *Eisen* reduziert Stanni- zu Stannosalzen, scheidet aber aus hinreichend sauren Lösungen metallisches Zinn nicht ab (Trennung von Antimon vgl. S. 113):

$$SnCl_4 + Fe = SnCl_2 + FeCl_2\,.$$

Fügt man zu der Lösung des Zinnchlorürs

5. *Quecksilberchlorid*, so entsteht je nach der Menge des Zinnchlorürs ein Niederschlag von feinverteiltem grauem Quecksilber oder weißem Mercurochlorid (Quecksilberchlorür):

$$SnCl_2 + 2HgCl_2 = SnCl_4 + Hg_2Cl_2$$
$$SnCl_2 + HgCl_2 = SnCl_4 + Hg\,.$$

Vorprüfung: Mit Soda auf Kohle geschmolzen: weiße duktile Metallkörner.

2. Antimon $Sb = 120{,}2$.

(Drei- und fünfwertig).

Sb_2O_3 *Antimontrioxyd* oder *Antimonigsäureanhydrid*
Sb_2O_5 *Antimonpentoxyd* oder *Antimonsäureanhydrid*.

In sauren Lösungen sind die Kationen, $Sb^{\cdots}$ (Stiboion) und $Sb^{\cdots\cdot}$ (Stibiion) zu beachten. Die aus den Chloriden durch Hydrolyse entstehenden Oxychloride

$$SbCl_3 + H_2O = SbOCl + 2\,HCl$$
$$SbCl_5 + 2\,H_2O = SbO_2Cl + 4\,HCl$$

enthalten die Kationen $SbO^{\cdot}$ (Antimonyl) und $SbO_2^{\cdot}$.

Die von den normalen Hydroxyden durch Wasserabspaltung entstehenden Säuren: $HSbO_2 = [Sb(OH)_3 - H_2O]$, metaantimonige Säure und $HSbO_3 = [Sb(OH)_5 - 2\,H_2O]$ *Metaantimon*säure sind unlöslich und bilden nur mit den Alkalien Salze, mit den Anionen SbO_2' und SbO_3'.

Antimon wird von Salpetersäure je nach der Konzentration derselben in weiße, unlösliche (Meta-) antimonige oder -Antimonsäure verwandelt:

$$Sb + HNO_3 = HSbO_2 + NO$$
$$3\,Sb + 5\,HNO_3 = 3\,HSbO_3 + 5\,NO + H_2O$$

Salzsäure greift es nicht an, Königswasser löst zu Antimonpentachlorid. Antimontrichlorid entsteht beim Behandeln von Trisulfid mit konzentrierter Salzsäure.

Saure Lösungen des Antimontrioxyds und -pentoxyds geben Niederschläge mit:

1. *Wasser*, weiß:

$$SbCl_3 + H_2O = SbOCl + 2\,HCl$$
$$SbCl_5 + 2\,H_2O = SbO_2Cl + 4\,HCl.$$

NB. Weinsäure verhindert die Fällung, indem lösliche *Komplex*salze entstehen (Unterschied von Wismut).

2. *Schwefelwasserstoff* rotgelb, Antimontrisulfid SbS_3 oder Antimonpentasulfid Sb_2S_5, in *verdünnten* Säuren und in Ammoniumcarbonat unlöslich:

$2\,SbCl_3 + 3\,H_2S =$
$2\,SbCl_5 + 5\,H_2S =$

Die Niederschläge sind löslich:

a) in Schwefelammonium

$Sb_2S_3 + 3(NH_4)_2S =$
$Sb_2S_5 + 3(NH_4)_2S =$

b) in *konzentrierter* Salzsäure beim Erwärmen

$Sb_2S_3 + 6\,HCl =$

NB. Dieses Verhalten kann zur Trennung von Arsen dienen, dessen Sulfide auch in konzentrierter Salzsäure unlöslich sind.

3. *Alkalilauge*, so wie *Ammoniak* weiße aus den entsprechenden (Meta-) Säuren bestehende Niederschläge, z. B.:

$$SbCl_3 + 3\,KHO = HSbO_2 + 3\,KCl + H_2O,$$

die in Ammoniak unlöslich sind, im Überschuß der fixen Alkalien sich jedoch zu den Antimoniten $KSbO_2$ oder $NaSbO_2$ und Kaliumantimoniat $KSbO_3$ lösen, z. B.:

$$HSbO_2 + KHO = KSbO_2 + H_2O.$$

NB. *Natriumantimoniat* ist fast unlöslich (vgl. 3, S. 55). Aus Lösungen des Kaliumantimoniats fällt beim Ansäuern Antimonsäure aus.

4. Unterscheidung von:

a) *Antimontrioxyd* und *-pentoxyd.*

Versetzt man die salzsaure Lösung von Antimonpentoxyd mit Jodkalium, so wird das Pentachlorid unter Abscheidung von Jod zu Trichlorid reduziert.

$$SbCl_5 + 2\,KJ = SbCl_3 + J_2 + 2\,KCl.$$

Das Jod läßt sich mit Schwefelkohlenstoff oder Chloroform ausschütteln.

b) *Antimonige-* und *Antimonsäure.*

Kalium- und Natriumantimonit zeigen große Neigung, in die höhere Oxydationsstufe überzugehen. Fügt man zu einer Silberlösung die *mit nicht mehr* Ammoniak, wie zur Erreichung einer klaren Lösung gerade *erforderlich* ist, enthält, eine Auflösung von Antimonoxyd in Natronlauge

(Vorsicht! S. 89, unten), so entsteht, unter Abscheidung von feinverteiltem schwarzen Silber, Antimoniat:

$$NaSbO_2 + 2AgNO_3 + 2NH_4OH = NaSbO_3 + 2NH_4NO_3 + Ag_2 + H_2O.$$

5. *Reduktion zu Metall* (sehr empfindliche Prüfung auf Antimon). Bringe einen Tropfen der zu untersuchenden Lösung, welche außer Antimon *kein anderes Metall als Zinn enthalten darf,* auf ein Stückchen Platinblech und lege hierauf ein Zinkkorn in die Flüssigkeit. Bei Gegenwart von Antimon bildet sich sofort ein *auf dem Platinblech* fest anhaftender *schwarzer Fleck* von Antimon (während vorhandenes Zinn als graues schwammiges Metall abgeschieden wird).

Zur *Trennung von Zinn* bringe in die Lösung in ein Probierglas, lege ein Stück Eisendraht hinein und erwärme gelinde, bis sich das Antimon auf dem blanken Eisen vollständig abgeschieden hat. Zinn wird in hinreichend saurer Lösung nicht gefällt.

6. *Im Marshschen Apparat* (vgl. S. 112) entwickelt sich gasförmiger Antimonwasserstoff SbH_3, welcher die Wasserstoffflamme fahlgrün färbt. Die rußschwarzen Antimonflecke (in der Regel von einem Hauch von weißem Sb_2O_3 bedeckt) *lösen sich in unterchlorigsaurem Natron nicht.* (Unterschied von Arsen.) Die Lösung der Flecke in konzentrierter Salpetersäure gibt mit Ammoniummolybdat *keinen* Niederschlag. — Die Ränder des Antimonspiegels erscheinen an der der Flamme zugekehrten Seite abgeschmolzen. (Unterschied von Arsen.)

Vorprüfung: a) mit Kobaltlösung auf Kohle geglüht: *schmutziggrüne* Masse;
b) auf Kohle mit Soda geschmolzen: *weißer* Beschlag und *spröde* Metallkörner.

3. Arsen $As = 74{,}96$.

(Drei- und fünfwertig.)

As_2O_3 *Arsentrioxyd oder Arsenigsäureanhydrid* (Arsenik) leicht flüchtig; in Wasser schwer (0,3 : 100) löslich, in verdünnter Salzsäure und Alkalilauge leichter löslich. Die Lösung in Salzsäure enthält Arsentrichlorid

$AsCl_3$ mit dem *Kation* $As^{\cdots}$ (Arsenoion), Alkalilauge löst zu $KAsO_2$ oder $NaAsO_2$ mit dem *Anion* AsO_2' (Metaarsenition). Die Arsenite der alkalischen Erden und der Schwermetalle enthalten das *Anion* AsO_3''' (Ortho-Arsenition), sie sind in Wasser unlöslich, in Säuren löslich. Die entsprechenden freien Säuren sind nicht bekannt.

As_2O_5 *Arsenpentoxyd* nicht flüchtig, in Wasser zu Arsensäure H_3AsO_4 leicht löslich. Die Arseniate der Alkalien werden von Wasser leicht, die der Magnesia nur sehr schwer gelöst. Die übrigen Arseniate lösen sich in Säuren, z. T. auch in Alkalien.

NB. Alle Arsenverbindungen sind giftig. Beim Kochen von Arsentrioxyd mit Salzsäure entweicht mit den Wasserdämpfen flüchtiges Arsentrichlorid $AsCl_3$. (**Vorsicht!**) Spuren von Arsen können auf diese Weise weggekocht werden, so daß sie sich bei der weiteren Untersuchung dem Nachweise entziehen.

Arsen verbrennt an der Luft zu sehr leicht flüchtigem Arsentrioxyd (Arsenik, Hüttenrauch); von Salpetersäure wird es je nach der Konzentration derselben zu Arsentrioxyd oder Arsensäure oxydiert, von Salzsäure nicht verändert.

1. *Schwefelwasserstoff* bewirkt in der angesäuerten Lösung bei Gegenwart

a) von *arseniger Säure* sogleich einen gelben flockigen Niederschlag von Arsentrisulfid:

$$As_2O_3 + 3H_2S = As_2S_3 + 3H_2O;$$

b) von *Arsensäure* zunächst keinen Niederschlag; beim Erwärmen trübt sich die Lösung unter Abscheidung von Schwefel, beim Einleiten von Schwefelwasserstoff fällt flockiges Arsentrisulfid:

$$2H_3AsO_4 + 2H_2S = As_2O_3 + 2S + 2H_2O$$
$$2H_3AsO_4 + 5H_2S =$$

Arsentrisulfid ist in Schwefelammonium, *Ammoniumcarbonat*, Ammoniak, sowie in den entsprechenden Verbindungen der Alkalien löslich:

$$As_2S_3 + 3(NH_4)_2S =$$
$$As_2S_3 + 6NH_4OH = (NH_4)_3AsS_3 + (NH_4)_3AsO_3 + 3H_2O$$
$$As_2S_3 + 3(NH_4)_2CO_3 = (NH_4)_3AsS_3 + (NH_4)_3AsO_3 + 3CO_2.$$

Beim Ansäuern der Lösung fällt wieder Arsentrisulfid aus. Wenn in Ammoniak oder Ammoniumcarbonat gelöst war, ist jedoch die Fällung nur nach Zusatz von Schwefelwasserstoff eine unvollständige, da ein Teil des frei werdenden H_2S vorzeitig entweicht:

$$2(NH_4)_3AsS_3 + 3H_2SO_4 =$$
$$(NH_4)_3AsS_3 + (NH_4)_3AsO_3 + 3H_2SO_4 =$$

Anmerk. Die Löslichkeit des Arsentrisulfids in konzentriertem Ammoniumcarbonat dient zur Trennung des Arsens von Zinn und Antimon.

2. *Magnesiamischung*[1] erzeugt in Lösungen

a) der *arsenigen Säure*: keinen Niederschlag,

wenn nicht zuviel Alkali und genügend Salmiak vorhanden ist;

b) der *Arsensäure* einen weißen, krystallinischen Niederschlag von Magnesiumammoniumarseniat, in verdünnten Lösungen allmählich entstehend:

$$Na_3AsO_4 + MgCl_2 + NH_4Cl = (MgNH_4)AsO_4 + 3NaCl.$$

Der Niederschlag ist in Säuren leicht löslich; saure Lösungen sind daher zunächst mit Ammoniak zu versetzen, entsteht hierbei bereits ein Niederschlag, so ist derselbe abzufiltrieren.

3. *Ammoniummolybdat* erzeugt in Lösungen

a) der *arsenigen Säure:* keinen Niederschlag,

b) der *Arsensäure:* einen *gelben* Niederschlag.

Der Niederschlag ist in Ammoniak und den Alkalien löslich; er entsteht am leichtesten in salpetersauren Lösungen und zwar nach *reichlichem* Zusatz des Reagens *und Erwärmen.* Phosphorsäure gibt einen ähnlichen Niederschlag von gleicher Farbe (vgl. 4, S. 146).

Da arsenige Säure durch Salpetersäure leicht in Arsensäure übergeführt werden kann:

$$3As_2O_3 + 4HNO_3 + 7H_2O = 6H_3AsO_4 + 4NO,$$

läßt sich auch arsenige Säure bei *Abwesenheit* von Arsensäure und Phosphorsäure) durch Ammoniummolybdat nachweisen.

---

[1] Eine Mischung von Chlormagnesium *oder* Magnesiumsulfat mit Salmiak und Ammoniak, die sich beim Kochen *nicht trüben* darf.

4. In *neutralen* Lösungen, welche arsenige Säure oder Arsensäure enthalten, entstehen Niederschläge auf Zusatz von Salzen der alkalischen Erden und der meisten Schwermetalle, oft erst nach Zusatz von *wenigen* Tropfen Ammoniak, z. B. fällt:

Silbernitrat aus Lösungen

a) der *arsenigen Säure:* gelbes Silberarsenit Ag_3AsO_3, löslich in Ammoniak und Salpetersäure:

$$KAsO_2 + 3AgNO_3 + 2NH_4OH =$$

b) der *Arsensäure:* rotbraunes Silberarseniat Ag_3AsO_4, löslich in Ammoniak und Salpetersäure:

$$Na_3AsO_4 + 3AgNO_3 =$$

5. *Durch Behandeln mit oxydierend wirkenden* Körpern wird die *arsenige Säure* in *Arsensäure* übergeführt, z. B.:

$$As_2O_3 + 4Cl + 5H_2O = 2H_3AsO_4 + 4HCl$$

Geht das Oxydationsmittel in eine unlösliche oder anders gefärbte Verbindung über, so kann, sofern keine anderen oxydierbaren Körper vorhanden sind, die arsenige Säure leicht neben der Arsensäure erkannt werden, z. B.:

a) *Kupfervitriol* gibt mit der Lösung von arseniger Säure in Natronlauge eine *blaue Flüssigkeit,* die beim Kochen *rotes Kupferoxydul* abscheidet:

$$4CuSO_4 + As_2O_3 + 14NaOH = 2Na_3AsO_4 + 2Cu_2O + 4Na_2SO_4 + 7H_2O.$$

b) *Chromsaures Kali* wird durch eine saure Lösung der arsenigen Säure *grün* gefärbt:

$$4K_2CrO_4 + 3As_2O_3 + 20HCl = 6H_3AsO_4 + 4CrCl_3 + 8KCl + H_2O.$$

c) Die braune Lösung von *Jod* in Jodkalium wird durch arsenigsaures Natron entfärbt:

$$2J + Na_3AsO_3 + H_2O = Na_3AsO_4 + 2JH.$$

Die entstandene Arsensäure ist nachzuweisen.

6. *Reduktionsmittel* verwandeln Arsensäure leicht in

arsenige Säure, z. B. Schwefelwasserstoff (1), Schwefeldioxyd usw.

Zinnchlorür in Form von Bettendorffs Reagens[1] scheidet aus *allen* Arsenlösungen schwarzes Arsen ab.

NB. Die zu untersuchende Lösung ist tropfenweise dem Reagens hinzuzufügen. Bei Spuren von Arsen tritt eine dunkelbraune Färbung ein.

Vorprüfung: Arsentrioxyd, *flüchtig*; beim Erhitzen mit Soda und Kohle im Glühröhrchen: *Metallspiegel.*

Arsensäure, *nicht flüchtig*, beim Erhitzen auf Kohle weißer, *sehr flüchtiger* Beschlag und *Knoblauchgeruch.*

Sehr kleine Mengen Arsen (bis zu 0,01 mg), gleichviel ob arsenige Säure oder Arsensäure vorliegt, die Lösungen dürfen jedoch nicht Salpetersäure oder Nitrate enthalten, lassen sich weiterhin mit großer Schärfe 1. nach Gutzeit oder 2. im Marshschen Apparat erkennen. Der Nachweis beruht in beiden Fällen auf der Bildung von Arsenwasserstoff AsH_3. Zur Verwendung kommen Zink und verdünnte Schwefelsäure. Das Zink wirkt fällend und dient weiterhin zur Entwickelung von Wasserstoff, der sich in statu nascendi mit dem ausgeschiedenen Arsen zu Arsenwasserstoff *(sehr giftig!)* vereinigt:

$$2\,AsCl_3 + 3\,Zn = 2\,As + 3\,ZnCl_2$$
$$2\,As + 3\,H_2 = 2\,AsH_3.$$

1. *Prüfung nach Gutzeit.*

Übergieße in einem Probiergläschen ein Stück *reines* Zink mit verdünnter Schwefelsäure und gib ein wenig der zu untersuchenden Flüssigkeit hinzu. Schiebe hierauf einen Wattenpfropfen lose in das Gläschen hinein und lege über die Mündung desselben ein Stück Filtrierpapier, das vorher in der Mitte mit einem Tropfen einer konzentrierten Lösung von *Silbernitrat* in Wasser (2 : 1) befeuchtet wurde.

[1] Krystallisiertes Zinnchlorür ist mit konz. Salzsäure zu einem Brei anzurühren und dieser mit gasförmiger HCl zu sättigen. Nach erfolgter Lösung filtriere durch Asbest.

Bei Anwesenheit von Arsen färbt sich die mit der Silberlösung befeuchtete Stelle des Papiers kanariengelb,[1] läßt man nun auf dieselbe einen Tropfen Wasser fallen, so wird der gelbe Fleck schwarz:

$$2\,AsH_3 + 12\,AgNO_3 = 2(AsAg_3,\ 3\,AgNO_3) + 6\,HNO_3$$
$$2(AsAg_3,\ 3\,AgNO_3) + 6\,H_2O = As_2O_3 + 12\,Ag + 6\,HNO_3.$$

NB. Da die Reaktion äußerst empfindlich ist, darf man es *nie unterlassen*, durch einen Kontrollversuch von der Reinheit der Reagenzien sich zu überzeugen.

2. *Prüfung im Marshschen Apparat.* **Vorsicht!** (Warum?)

Arsenwasserstoff brennt mit fahlblauer Flamme. Auf einer in dieselbe gehaltenen Porzellanschale bilden sich metallglänzende Arsenflecken, welche von *unterchlorigsaurem Natrium* in der Kälte leicht gelöst werden. (Unterschied von Antimon):

$$2\,As + 3\,NaOCl = As_2O_3 + 3\,NaCl.$$

Erhitzt man die Röhre (aus schwer schmelzbarem Glase), durch welche der Arsenwasserstoff entweicht, so bildet sich unweit der erhitzten Stelle ein Arsenspiegel:

$$2\,AsH_3 = 2\,As + 3\,H_2.$$

Der Nachweis von Arsen, Antimon und Zinn nebeneinander ergibt sich aus Tabelle II.

Die Trennung kann auch erfolgen, indem man die aus dem Schwefelammoniumauszug gefällten Sulfide

[1] Bei Gegenwart von Schwefelmetallen und schwefliger Säure entwickelt sich H_2S, welcher sogleich einen schwarzen Fleck erzeugt. In diesem Falle gibt man in das Probiergläschen Jodlösung bis zur Gelbfärbung des Inhalts:

$$J_2 + H_2S = 2\,JH + S.$$

Antimonverbindungen geben einen bräunlichen Fleck, der auf Zusatz von Wasser dunkelbraun wird und an den Rändern verläuft.

abfiltriert, in eine Porzellanschale abklatscht und hierauf mit *konzentrierter* Salzsäure erwärmt. Arsensulfid bleibt ungelöst. Nach dem Verdünnen mit *wenig* (warum?) Wasser filtriere und bringe in die Lösung einige Stücke blanken Eisendraht. Bei hinreichender Einwirkung wird Antimon als Metall vollständig abgeschieden, während Zinn als Chlorür in Lösung bleibt.

Verhalten der Metalle gegen Metallsalzlösungen.

Wenn zwei verschiedene Metalle in einer Salzlösung miteinander in Berührung kommen, so wird das eine Metall elektropositiv, das andere elektronegativ und es kreist ein Strom zwischen den Metallen. Schon Faraday ordnete die Metalle nach diesem Verhalten in die sogenannte elektrische Spannungsreihe:

$$+ Zn, Pb, Sn, Fe, Cu, Ag, Au, Pt —,$$

die zum Ausdruck bringen soll, daß jedes Metall mit dem in der Reihe vorhergehenden elektropositiv, mit dem folgenden elektronegativ wird.

Dieser Anordnung entspricht auch das chemische Verhalten der Metalle gegen Metallsalzlösungen.

In erweiterter Form beginnt

die Spannungsreihe der Metalle

mit den Alkalimetallen, es folgen die Metalle der alkalischen Erden, die Leichtmetalle, die unedlen Schwermetalle und hierauf die Edelmetalle:

$$K, Ca, Mg, Al, Zn, Fe, Sn, Pb, \mid As, Cu, Sb, Hg, Ag, Pt, Au.$$

Es gilt im allgemeinen die Regel, daß jedes in der Reihe *vorhergehende* Metall das *folgende* aus reinen Lösungen abscheidet, indem Ionen des fällenden Metalls in Lösung gehen, z. B:

$$Zn + Pb^{\cdot\cdot} = Pb + Zn^{\cdot\cdot}$$
$$Fe + Cu^{\cdot\cdot} = Cu + Fe^{\cdot\cdot}$$

nicht aber wird umgekehrt Zink von Blei, Eisen von Kupfer usw. gefällt.

Die Regel ist nicht ausnahmslos und wird auch durch die Art und Konzentration der Lösung beeinflußt. Eisen wirkt zwar fällend, wird aber aus seinen Lösungen nicht abgeschieden. In gleicher Weise wird aus hinreichend sauren Lösungen von Zinnsalzen Zinn nicht gefällt, ein Verhalten, das zur Trennung von Zinn und Antimon dienen kann (S. 104, 4.).

Auch in anderen Beziehungen gibt die Anordnung Aufschluß über das chemische Verhalten der Metalle. Die vor dem Strich (welcher der Stellung des Wasserstoffs in der elektrischen Spannungsreihe entspricht) aufgeführten Metalle verdrängen aus Wasser oder einer verdünnten Säure Wasserstoff, die folgenden nicht. An der Luft oxydieren sich die Anfangsglieder viel leichter, wie die folgenden, bis vom Kupfer ab eine Oxydation bei gewöhnlicher Temperatur nicht mehr eintritt, usw.

IV. Aufsuchung der Anionen (Säureionen).

A. Allgemeines.

Ein allgemeines Reagens, welches es gestattet, die einzelnen Säuren schematisch *hintereinander* abzuscheiden, ähnlich wie Schwefelwasserstoff es ermöglicht, die Metalle in drei Hauptgruppen zu trennen, gibt es nicht.

Die übliche Gruppierung der Anionen erfolgt nach der Löslichkeit ihrer Barium- und Silbersalze. Die Löslichkeit ist in neutralen und sauren Lösungen verschieden.

I. Gruppe: aus *sauren* Lösungen durch *Silbernitrat* — nicht aber durch Bariumchlorid — werden gefällt:
Chlor-, Brom-, Jod-, Cyan-, Ferrocyan-, Ferricyan- und Schwefelwasserstoff, Jodsäure, Bromsäure.

II. Gruppe: aus *sauren* Lösungen durch *Bariumchlorid,* — nicht aber durch Silbernitrat — werden gefällt:
Schwefelsäure, Fluorkieselsäure, (Fluorwasserstoff).[1]

III. Gruppe: *nur aus essigsauren* Lösungen durch *Silbernitrat und Bariumchlorid* werden gefällt:
Schweflige Säure, Thioschwefelsäure, Oxalsäure, Chromsäure.
Die Niederschläge sind in Salpetersäure löslich.

[1] Fuorbarium ist in Salpetersäure etwas löslich, in Essigsäure unlöslich.

IV. Gruppe: aus sauren Lösungen — auch wenn sie nur freie Essigsäure enthalten — werden durch *Silbernitrat* oder *Bariumchlorid nicht* gefällt: *Phosphorsäure, Arsen-* und *Arsenige Säure, Borsäure, Kieselsäure, Kohlensäure, Weinsäure.* Die in neutralen Lösungen entstehenden Niederschläge sind auch in Essigsäure löslich.

V. Gruppe: weder aus sauren noch aus neutralen Lösungen durch Silbernitrat oder Chlorbarium werden gefällt: *Salpetersäure, Salpetrige Säure, Chlorsäure, Unterchlorige Säure, Essigsäure.*

Durch die genannten Reagenzien erfährt man nur, ob Anionen der einzelnen Gruppen vorhanden sind oder nicht. Weitere Reaktionen sind anzustellen und die Ergebnisse derselben zu kombinieren bis zum einwandfreien Nachweis. Hierzu ist es unerläßlich, die besonderen charakteristischen Reaktionen der einzelnen Anionen auszuführen.

Die Auffindung der Anionen wird durch die Kenntnis der in dem zu untersuchenden Körper vorhandenen Metalle und durch die Berücksichtigung der Löslichkeitsverhältnisse wesentlich erleichtert.

Die Aufsuchung der Metalle hat daher der Ermittlung der Säuren vorauszugehen. Hierbei werden schon einige Säuren erkannt oder angedeutet: Arsenige Säure, Arsensäure, Chromsäure und die Mangansäuren.

Die Beachtung der Löslichkeitsverhältnisse ermöglicht, eine Reihe von Schlüssen im negativen Sinne zu ziehen. Körper, deren Lösungen in Wasser neutral reagieren, können bei *Anwesenheit von Barium* nicht: Schwefelsäure, Schweflige Säure, Kohlensäure, Phosphorsäure, Oxalsäure usw., saure Lösungen *neben Barium* nicht Schwefelsäure oder Kieselfluorwasserstoff enthalten.

Ist in einer Lösung, die sauer reagiert, *Silber* nachgewiesen, so kann dieselbe nicht gleichzeitig Chlor-, Brom-, Jod-, Cyan-, Ferrcyanwasserstoff enthalten. *Salpetersäure*, *salpetrige Säure*, *Essigsäure* sind, sofern die Gegenwart von Oxysalzen (z. B. $BiONO_3$) ausgeschlossen ist, nur in wäßriger Lösung zu suchen usw.

Weiterhin erleichtert die Beachtung der Ergebnisse der Vorprüfung die Auffindung der Anionen. Viele Säuren sind bei gewöhnlicher Temperatur gasförmig oder beim Erwärmen flüchtig, andere zerfallen unter Entwicklung gasförmiger Produkte. Bei der Vorprüfung mit *konzentrierter* Schwefelsäure (Tab. I, 3) werden sie in Freiheit gesetzt und entweichen. Da hierbei zugleich Zersetzungen eintreten können, ist die Vorprüfung mit *verdünnter* Schwefelsäure vor der Aufsuchung der Anionen zu wiederholen.

Einige Säuren wirken ungemein leicht *oxydierend*, indem sie Jodwasserstoff zu Jod oxydieren, andere stark *reduzierend*, indem sie *Jod* in Jodwasserstoff verwandeln.

Im weiteren Verlauf der Untersuchung kommen *Bariumchlorid* und *Silbernitrat* zur Verwendung und schließlich sind *Einzelprüfungen* auf Anionen der 5. Gruppe anzustellen.

Die Aufsuchung der Anionen.
(Tabelle III)

umfaßt hier nach Feststellung des Verhaltens der zu untersuchenden Substanz gegen:

1. verdünnte Schwefelsäure,
2. Jodwasserstoff und Jodlösung,
3. Bariumchlorid,
4. Silbernitrat,
5. Einzelprüfungen.

Zur Prüfung des Verhaltens gegen verdünnte Schwefelsäure verwende die feste Substanz, zu den andern Prüfungen die wäßrige Lösung, deren Farbe und Reaktion zu beachten ist. Schwermetalle sind zuvor durch Sodalösung oder Schwefelwasserstoff zu entfernen.

Ist die Substanz nicht oder nur teilweise in Wasser löslich, so koche sie in *feingepulvertem* Zustande mit Sodalösung aus. Hierbei findet in den meisten Fällen eine Umsetzung statt in der Art, daß die in der Substanz enthaltene Säure als Natronsalz in Lösung geht, während die Base als Carbonat, Hydroxyd oder Oxyd unlöslich bleibt, z. B.:

$$CaC_2O_4 + Na_2CO_3 = Na_2C_2O_4 + CaCO_3$$
$$2\,AlPO_4 + 3\,Na_2CO_3 + 3\,H_2O = 2\,Na_3PO_4 + 2\,Al(OH)_3 + 3\,CO_2$$
$$Hg_2Cl_2 + Na_2CO_3 = 2\,NaCl + HgO + CO_2.$$

Die Auskochung erfolgt am besten in einer Porzellanschale. Füge zu etwa 1 g Substanz die doppelte Menge Natriumcarbonat (Na_2CO_3) und etwa 20 ccm Wasser, rühre um, erhitze den Inhalt der Schale allmählich, erhalte ihn 5 Minuten im Kochen und filtriere. Das Filtrat wird mit „Sodaauszug" bezeichnet.

Die weitere Untersuchung der wäßrigen Lösung und des Sodaauszuges ist die gleiche. Teile der Lösungen sind gesondert nach 2, 3, 4 und 5 zu prüfen.

1. Verhalten gegen verdünnte Schwefelsäure.

Übergieße die feste Substanz im Probierglase tropfenweise mit verdünnter Schwefelsäure und erwärme. Unter mehr oder weniger Aufbrausen entwickeln sich:

A. Farblose Gase.

Kohlendioxyd CO_2, geruchlos, trübt Barytwasser, aus Carbonaten.

Schwefeldioxyd SO_2, erkennbar am Geruch, trübt Barytwasser, die Lösung bleibt klar aus Sulfiten; die Lösung trübt sich unter Abscheidung von Schwefel aus Thiosulfaten.

Schwefelwasserstoff H_2S, erkennbar am Geruch, schwärzt Bleipapier aus Sulfiden.

Cyanwasserstoff (Blausäure) HCN, riecht nach bittern Mandeln, *sehr giftig!* aus einfachen und einigen komplexen Cyaniden.

Essigsäure $C_2H_4O_2$, beim Erwärmen, erkennbar am Geruch, aus Acetaten.

Sauerstoff O_2, ein glimmender Span entzündet sich aus Peroxyden der Alkalien und alkalischen Erden.

B. Gefärbte Gase oder Dämpfe.

gelbgrün: Chlor, bleicht Indiglösung aus: Hypochloriten; bei Gegenwart oxydierend wirkender Körper auch aus Chloriden.

braun: a) Nitrose Dämpfe (N_2O_4, NO_2, NO) aus: Nitriten. Aus Nitraten: *nur* bei Gegenwart reduzierend wirkender Körper.

b) Brom (färbt Stärkemehl gelb), jedoch nur bei Gegenwart von oxydierenden Körpern, aus Jodiden; oder von reduzierenden Körpern, aus Jodaten.

violett: Jod, jedoch *nur* bei Gegenwart von oxydierenden Körpern, aus Jodiden; oder von reduzierenden Körpern, aus Jodaten.

2. Verhalten gegen A. Jod und B. Jodwasserstoff.

A. Füge zu der mit verdünnter Salzsäure angesäuerten Lösung (Wasser- oder Sodaauszug), ohne zu Erwärmen, tropfenweise alkoholische Jodlösung. Die Jodlösung wird entfärbt bei Gegenwart von:

Schwefelwasserstoff, milchige Trübung infolge von Schwefelabscheidung.

Schwefliger Säure.

Thioschwefelsäure, Abscheidung von Schwefel.
Arseniger Säure.

Außerdem findet Entfärbung der Jodlösung statt bei Gegenwart von Stannoion und andern reduzierend wirkenden Kationen.

Tritt Entfärbung der Jodlösung *nicht* ein, d. h. sind leicht reduzierende Stoffe nicht vorhanden, dann prüfe, ob die Lösung oxydierend wirkt.

B. Füge zu einer neuen Probe der mit Salzsäure angesäuerten Lösung einige Tropfen Jodkaliumlösung. Die *farblose* Lösung färbt sich durch freiwerdendes Jod *gelb* bis *braun* bei Gegenwart von:

Salpetriger Säure.
Unterchloriger Säure. Die Oxydation erfolgt auch in alkalischer Lösung.
Chlor-, *Brom-*, *Jodsäure*.
Arsensäure.

Durch Zusatz von Stärkekleisterwasser lassen sich noch die geringsten Mengen Jod an der Blaufärbung erkennen, dementsprechend lassen sich noch Spuren vorstehender Säuren nachweisen.

Ist die zu untersuchende Lösung mehr oder weniger *gefärbt*, so sind weiter: Ferricyanwasserstoff, Chrom- und Mangansäuren zu beachten; das frei werdende Jod gibt Mischfarben. Auch Ferrisalze, die in der wäßrigen Lösung, nicht aber im Sodaauszug enthalten sein können, scheiden Jod ab.

3. Verhalten gegen Bariumchlorid.

Versetze den mit Salzsäure angesäuerten Sodaauszug, bzw. die wäßrige Lösung mit Bariumchlorid. Es entsteht ein Niederschlag bei Gegenwart von:

Sulfaten . . . $BaSO_4$, weiß, amorph.
Fluorsilicaten . . $BaSiF_6$, weiß, krystallinisch.

Filtriere[1] und übersättige das Filtrat mit Natriumacetat. Niederschlag bei Gegenwart von:

Oxalaten . . .	BaC_2O_4, weiß.
Fluoriden . . .	BaF_2, weiß.
Chromaten . . .	$BaCr_2O_4$, gelb.

Außerdem entstehen Niederschläge bei Gegenwart von: Sulfiten und Thiosulfaten, die bei der Vorprüfung und an ihren reduzierenden Eigenschaften erkannt werden.

4. Verhalten gegen Silbernitrat.

In der mit Salpetersäure angesäuerten Lösung entstehen Niederschläge bei Gegenwart von:

Chloriden	$AgCl$, weiß	in Ammoniak leicht löslich.
Cyaniden	$AgCN$, weiß	
Rhodaniden . . .	$AgSCN$, weiß	
Ferricyaniden . .	$Ag_3[Fe(CN)_6]$, rotbraun	
Bromiden	$AgBr$, gelblich weiß	in Ammoniak schwer oder unlöslich.
Jodiden	AgJ, gelblich	
Ferrocyaniden . .	$Ag_4[Fe(CN)_6]$, weiß	
Sulfiden	Ag_2S, schwarz	

5. Einzelprüfungen.

In sauren Lösungen entstehen durch Bariumchlorid und Silbernitrat keine Niederschläge bei Gegenwart von:

Salpetersäure . .	HNO_3	Auch in *neutralen* Lösungen entstehen keine Niederschläge.
Salpetrige Säure[2] .	HNO_2	
Chlorsäure . . .	$HClO_3$	
Essigsäure . . .	CH_3COOH	

[1] $BaSO_4$ filtriert schlecht. Wenn man über eine kleine Zentrifuge für Reagenzgläser, wie sie sich leicht an jeden Tisch anschrauben läßt, verfügt, läßt sich, besonders wenn es sich um einen geringen Niederschlag handelt, nach dem Zentrifugieren die Lösung vom Bodensalz klar abgießen.

[2] Über das Verhalten von *konzentrierten* Lösungen der Alkalinitrite zu Silbernitat vgl. S 156.

Phosphorsäure .	H_3PO_4	Die in *neutralen* Lösungen entstehenden Niederschläge sind in Essigsäure löslich.
Borsäure . . .	H_3BO_3	
Weinsäure . .	$C_4H_6O_4$	

Diese Säuren verraten sich schon bei der allgemeinen Vorprüfung; erscheint durch dieselbe ihre Gegenwart nicht ausgeschlossen, so ist stets auf diese Säuren zu prüfen.

Die Anionen der in Säuren löslichen Substanzen gehen beim Behandeln mit Sodalösung fast ausnahmsweise in den Sodaauszug über, nur Phosphate bleiben bisweilen im Rückstand.

Der in Säuren unlösliche, aufzuschließende Teil ist besonders zu untersuchen.

Hierher gehören vorzugsweise die *Silicate.* Das Vorhandensein von Kieselsäure ergibt sich in der Regel aus dem Kieselskelett der Phosphorsalzperle. Abgesehen von den *Silicaten* (und seltener vorkommenden Körpern) ist die Anzahl der in Säuren unlöslichen Verbindungen beschränkt auf einige *Oxyde* (Zinn-, Antimon-, Aluminium-, Chrom-, Eisenoxyd), *Stannisulfid* (in Form von Mussivgold), *Fluormetalle, Chromeisenstein; Kohle, Schwefel,* sowie auf solche Verbindungen, welche infolge ihrer Unlöslichkeit in analytischer Beziehung von Wichtigkeit sind, wie z. B. $BaSO_4$, $AgCl$ usw. (vgl. S. 35).

Nach dem Aufschließen *mit Soda* geht beim Ausziehen der Schmelze mit Wasser die Säure als Natronsalz in Lösung. Ist auf Grund der Vorprüfung die Aufschließung in *andrer Weise* zu bewerkstelligen, so ist der zur Aufsuchung der Säure einzuschlagende Weg *unter Berücksichtigung der Art der Aufschließung* und der *Natur der vorhandenen Metalle zu wählen.*

Die zum Nachweis der Säuren auszuführenden Operationen und wichtigsten Reaktionen der Säureionen sind in der **dritten Tabelle** zusammengestellt. Die Anwesenheit einer Säure ist *nur dann* als *sicher erwiesen* zu betrachten, wenn *sämtliche* auf der Tabelle *und* im speziellen Teil angegebenen Reaktionen beobachtet worden sind.

Gruppe I.

Säuren, welche aus sauren Lösungen, durch *Silbernitrat*, nicht aber durch Bariumchlorid gefällt werden. *(Chlor-, Brom-, Jod-, Cyan-, Ferrocyan-, Ferricyan, Schwefelwasserstoff, Jodsäure, Bromsäure.)*

1. Chlorwasserstoff (Salzsäure) HCl.

(*Chlorion:* Cl'.)

Die Chloride sind, mit Ausnahme des *Silber-* und *Mercurochlorids*, in Wasser leicht löslich, Bleichlorid braucht ca. 150 Teile Wasser von 18°.

Vorprüfung: Beim Übergießen mit konzentrierter Schwefelsäure im Probierglas entweicht HCl gasförmig und bildet an der (feuchten) Luft Nebel; an einem mit Silbernitrat befeuchteten Glasstab entsteht ein käsiger Niederschlag. Über das Verhalten der Chloride des Silbers und Quecksilbers vgl. S. 32.

1. In den Lösungen der Chloride entsteht ein Niederschlag auf Zusatz von

a) *Silbernitrat.* Der weiße, käsige Niederschlag $AgCl$ färbt sich am Licht dunkler, ist *unlöslich in Salpetersäure*, löslich in Ammoniak, Cyankalium und Natriumthiosulfat unter Bildung von Komplexsalzen (vgl. S. 89).

Formel:

b) *Mercuronitrat.* Der weiße Niederschlag Hg_2Cl_2 wird durch Ammoniak schwarz (vgl. 1, S. 91). Königswasser und Chlorwasser lösen den Niederschlag.

Formel:

c) *Bleiacetat,* weiß, nicht aus verdünnten Lösungen.

Der Niederschlag $PbCl_2$ ist in heißem Wasser leicht löslich, beim Erkalten scheidet sich das $PbCl_2$ in Form von Krystallnadeln wieder ab. In Ammoniak ist Bleichlorid unlöslich.

Formel:

2. Erwärmt man Chloride in fester Form mit *Kaliumchromat* und *konzentrierter Schwefelsäure* im *trocknen* Probierglas, so entwickeln sich rotbraune Dämpfe von *Chromylchlorid,* die sich zu einer dunkelbraunen Flüssigkeit verdichten. Leitet man die Dämpfe in Ammoniak, so färbt sich die Flüssigkeit unter Bildung von Ammoniumchromat *gelb* (Unterschied von Bromiden und Jodiden):

$$4KCl + K_2Cr_2O_7 + 6H_2SO_4 = 2CrO_2Cl_2 + 6KHSO_4 + 3H_2O$$
$$CrO_2Cl_2 + 4NH_4OH = (NH_4)_2CrO_4 + 2NH_4Cl + 2H_2O.$$

Silber- und Mercurochlorid geben kein Chromylchlorid. Nitrate, Nitrite, Chlorate stören die Reaktion. Bei Gegenwart von Bromiden und Jodiden entweichen Brom und Jod, die mit Ammoniak *farblose* Lösungen geben.

3. Mit *Braunstein* oder andern Oxydationsmitteln (Chromaten, Chloraten, Hypochloriten usw.) und *Schwefelsäure* erwärmt, entwickeln die Chloride *Chlor.*

Führt man das freiwerdende Chlor durch Neigen des Glases in ein anderes Probierglas, in welchem sich etwas mit Indiglösung schwach blau gefärbtes Wasser befindet über, so tritt beim Umschütteln nach dem Verschließen der Öffnung des Probierglases mit dem Daumen Entfärbung ein.

2. Bromwasserstoff *HBr.*

(*Bromion:* Br'.)

Die Bromide sind mit Ausnahme des Silber-, Mercuro- und Bleibromids, welche sich den entsprechenden Chlorverbindungen sehr ähnlich verhalten, in Wasser leicht löslich.

Vorprüfung: Beim Erwärmen mit *konzentrierter Schwefelsäure* im Probierglas entweichen neben Bromwasserstoff schwere rotbraune Dämpfe von Brom, welche mit Wasser befeuchtetes Stärkemehl orangegelb färben.

1. In den Lösungen der Bromide entsteht ein Niederschlag auf Zusatz von:

a) *Silbernitrat.* Der gelblichweiße Niederschlag *AgBr* verhält sich dem Chlorsilber ähnlich (vgl. S. 89).

Formel:

In Ammoniak ist *AgBr* jedoch wenig, in Ammoniumcarbonat noch weniger löslich. Wird ein Gemisch von *AgBr* und *AgCl* mit Ammoniak behandelt und von dem ungelöst gebliebenen *AgBr* abfiltriert, so entsteht im Filtrat auf Zusatz von Bromkalium eine Ausscheidung von *AgBr* (Nachweis von Chlor neben Brom):

$$AgCl + KBr = AgBr + KCl.$$

b) *Mercuronitrat.* Der gelblichweiße Niederschlag Hg_2Br_2 löst sich in Chlorwasser unter Abscheidung von Brom:

Formel:

c) *Bleiacetat.* Der weiße Niederschlag $PbBr_2$ ist in Wasser schwer, in Salpetersäure leichter löslich.

Formel:

2. *Freies Chlor* (Chlorwasser), ein Gemisch von *chromsaurem Kali* und *Schwefelsäure* sowie andere Oxydationsmittel — nicht aber salpetrige Säure — scheiden *Brom* aus den Lösungen der Bromide ab. Überschichtet man eine solche mit etwas *Schwefelkohlenstoff* und fügt hierauf nach dem Ansäuern mit Salz- oder Schwefelsäure einige Tropfen einer Lösung von *Natriumhypochlorit* hinzu, so löst beim Umschütteln der Schwefelkohlenstoff das freigewordene Brom mit gelber oder gelbbrauner Farbe auf:

$$2NaBr + NaOCl + 2HCl = Br_2 + 3NaCl + H_2O.$$

Ein Überschuß von Natriumhypochlorit ist zu vermeiden, weil derselbe die Bildung von *Bromsäure* veranlaßt:

$$NaBr + 3NaOCl + HCl = HBrO_3 + 4NaCl.$$

3. Jodwasserstoff *HJ*.

(*Jodion: J'.*)

Die Jodide des Silbers und Quecksilbers sind in Wasser unlöslich; Jodblei ist in kaltem Wasser kaum, in heißem etwas löslich.

Vorprüfung: Beim Erwärmen mit *konzentrierter Schwefelsäure* im Probierglas entwickeln sich neben Jodwasserstoff violette Dämpfe. Das beim Erkalten sich verdichtende Jod löst sich ganz oder teilweise im feuchten *HJ* mit brauner Farbe auf.

1. In den Lösungen der Jodide entsteht ein Niederschlag auf Zusatz von:

a) *Silbernitrat.* Der gelbliche Niederschlag *AgJ* verhält sich wie Chlorsilber, vgl. S. 91; in Ammoniak ist *AgJ* jedoch unlöslich.

Formel:

b) *Mercurinitrat:* HgJ_2, zinnoberrot, unlöslich in verdünnter Salpetersäure, löslich in Jodkalium unter Komplexsalzbildung:

$$2KJ + Hg(NO_3)_2 = HgJ_2 + 2KNO_3$$
$$HgJ_2 + 2KJ = [HgJ_4]K_2.$$

c) *Mercuronitrat:* Hg_2J_2, graugrün, wird von verdünnter Salpetersäure in der Kälte nicht, beim Erwärmen in Mercurijodid und -nitrat verwandelt:

$$Hg_2J_2 + 2HNO_3 = HgJ_2 + HgNO_3 + NO_2 + H_2O.$$

d) *Bleiacetat:* PbJ_2 gelb, wird von verdünnter Salpetersäure in der Kälte nicht angegriffen, beim Erwärmen unter Abscheidung von Jod zersetzt.

Formel:

2. *Salpetrige Säure, freies Chlor, Brom* und *andere Oxydationsmittel* oxydieren Jodwasserstoff zu Jod:

$$4HJ + O_2 = 2J_2 + 2H_2O.$$

Wird die Lösung eines Jodids mit Schwefelkohlenstoff überschichtet, mit einigen Tropfen *Kaliumnitrit* versetzt und angesäuert, so löst der Schwefelkohlenstoff beim Umschütteln das frei gewordene Jod mit *violetter* Farbe.

Bei Anwendung von Chlorwasser oder Natriumhypochlorit und Salzsäure ist dieselbe Vorsicht, wie beim Nachweis des Broms nötig (vgl. S. 125, unten).

3. Der *empfindlichste Nachweis der Jodide* beruht auf der *Blaufärbung*, welche freies *Jod* mit *Stärke* gibt. Versetze die zu untersuchende Lösung mit Stärkekleisterwasser, einigen Tropfen einer *Kaliumnitritlösung* und *Essigsäure*.

Die Blaufärbung entsteht nicht in *alkalischen* Lösungen

$$J_2 + 2KHO = KJ + KJO + H_2O$$

und verschwindet durch freies Chlor (vgl. S. 125, unten), auch beim Erwärmen, beim Erkalten tritt wieder Blaufärbung ein.

4. Cyanwasserstoff (Blausäure[1]) *HCN*.

(Cyanion: CN'.)

(Sehr giftig, Vorsicht!)

In Wasser lösen sich nur die Cyanide der Metalle der Alkalien, der alkalischen Erden und *Quecksilbercyanid*.

Die Cyanide der Schwermetalle lösen sich in Cyankalium zu Komplexsalzen (z. B. $[Ag(CN)_2]K$) auf. Aus diesen Lösungen werden durch *Alkalien*, *Alkalicarbonate* usw. die Metalle *nicht* gefällt. Die wäßrigen Lösungen der Cyanide reagieren alkalisch, sie werden durch Säuren — auch durch Kohlensäure — unter Freiwerden von Blausäure zersetzt (**Vorsicht!**).

Vorprüfung: a) Im *Glühröhrchen* erhitzt, entwickeln die Cyanide der edlen Metalle mit rötlicher Flamme brennbares *Cyan*, z. B.

$$2AgCN = Ag_2 + (CN)_2$$

[1] Wurde zuerst aus Berlinerblau hergestellt.

die Cyanide der anderen Schwermetalle *Stickstoff* unter Abscheidung von Kohlenstoff und Metall. Die Cyanide der Alkalimetalle werden durch Glühen *nicht* zersetzt.

b) Beim Erwärmen mit *konzentrierter Schwefelsäure* im Probierglas entweicht *Kohlenoxyd*, daneben bildet sich Ammoniumsulfat

$$2\,HCN + H_2SO_4 + 2\,CO + (NH_4)_2SO_4.$$

1. *Silbernitrat* erzeugt in mit Salpetersäure angesäuerten Lösungen einen weißen käsigen Niederschlag von $AgCN$, löslich in Cyankalium, Ammoniak, Natriumthiosulfat unter Komplexsalzbildung.

Formel:

NB. *Quecksilbercyanid wird durch Silbernitrat nicht gefällt.*

2. *Berlinerblaureaktion.* Fügt man zur Lösung eines Cyanids Natronlauge sowie einige Tropfen einer *Eisenvitriollösung* und erwärmt (ohne zu kochen), so entsteht nach Zusatz von Eisenchlorid beim Ansäuern mit Salzsäure ein *blauer* flockiger Niederschlag, in sehr verdünnten Lösungen Blaufärbung:

$$Fe(OH)_2 + 2\,KCN = Fe(CN)_2 + 2\,KOH$$
$$Fe(CN)_2 + 4\,KCN = K_4[Fe(CN)_6].$$

Beim Ansäuern setzt sich das Ferrocyankalium zu Berlinerblau um:

$$K_4[Fe(CN)_6]_3 + 4\,FeCl_3 = Fe_4[Fe(CN)_6]_3 + 12\,KCl.$$

3. *Rhodanreaktion.* Dampfe die zu untersuchende Lösung mit gelbem Schwefelammonium auf dem Wasserbad zur Trockne, ziehe den Rückstand mit Wasser aus und versetze die Lösung mit Salzsäure und einem Tropfen Eisenchlorid. Die Lösung färbt sich, auch wenn nur Spuren von Cyanverbindungen in der ursprünglichen Lösung vorhanden waren, blutrot:

$$KCN + (NH_4)_2S_2 = KSCN + (NH_4)_2S$$
$$3\,KCNS + FeCl_3 = Fe(SCN)_3 + 3\,KCl.$$

Vgl. S. 131, 1.

5. Ferrocyan- und 6. Ferricyanwasserstoff.

Ferrocyanion: $Fe(CN)_6''''$ *und Ferricyanion:* $Fe(CN)_6'''$.

Die Ferro- und Ferricyanide der Alkalien und alkalischen Erden sind in Wasser löslich (Bariumferrocyanid ausgenommen), die der Schwermetalle (mit Ausnahme des Ferriferricyanids) unlöslich; viele der in Wasser unlöslichen Verbindungen sind auch in verdünnten Säuren schwer oder unlöslich.

Vorprüfung: a) Beim starken Erhitzen im Glühröhrchen zerfallen:

Ferrocyanide in Cyanide, Eisencarbid und Stickstoff, z. B.:

$$K_4[Fe(CN)_6] = 4\,KCN + FeC_2 + N_2.$$

Ferricyanide in Cyanide, Cyan, Eisencarbid und Stickstoff, z. B.:

$$2\,K_3[Fe(CN)_6] = 6\,KCN + (CN)_2 + 2\,FeC_2 + 2\,N_2.$$

b) Beim Erhitzen mit konz. Schwefelsäure geben Ferro- und Ferricyanide, Kohlenoxyd und Sulfate, vgl. 6. S. 33.

c) Beim Erwärmen mit verdünnter Schwefelsäure entweicht aus löslichen Ferro- und Ferricyaniden unter Blaufärbung der Lösung ein Teil des Cyans gasförmig als Blausäure (Vorsicht!), z. B.:

$$2\,K_4[Fe(CN)_6] + 3\,H_2SO_4 = 6\,HCN + K_2Fe[Fe(CN)_6] + 3\,K_2SO_4.$$

Natron- und Kalilauge zerlegen die meisten Ferro- und Ferricyanide der Schwermetalle in Metallhydroxyd und Ferro- und Ferricyanalkali.

Ist das Metallhydroxyd, z. B. $Zn(OH)_2$, in Alkali löslich, so entsteht eine klare Lösung, aus der das Zink durch Einleiten von Kohlensäure sich abscheiden läßt.

In neutralen oder sauren Lösungen geben:

Ferrocyanide.

1. *Ferrichlorid:* einen dunkelblauen Niederschlag von Ferriferrocyanid $Fe_4[Fe(CN)_6]_3$ (Berlinerblau):

$$K_4[Fe(CN)_6]_3 + 4\,FeCl_3 =$$

2. *Ferrosulfat:* bei Abschluß von Luft weißes, an der Luft rasch blau werdendes Ferrokaliumferrocyanid $K_2Fe[Fe(CN)_6]$:

$$K_4[Fe(CN)_6] + FeSO_4 =$$

3. *Kupfersulfat* braunrotes Kupferferrocyanid $Cu_2[Fe(CN)_6]$.

Formel:

4. *Silbernitrat:* weißes Silberferrocyanid $Ag_4[Fe(CN)_6]$, unlöslich in kaltem Ammoniak, löslich in Cyankalium:

Formel:

5. *Zinksulfat* und die löslichen Salze der meisten andern Schwermetalle geben in sauren Lösungen unlösliche Niederschläge.

Ferricyanide.

1. *Ferrichlorid:* kein Niederschlag, die Lösung färbt sich braun unter Bildung von Ferriferricyanid $Fe[Fe(CN)_6]$.

2. *Ferrosulfat:* dunkelblauer Niederschlag von Ferroferricyanid $Fe_3[Fe(CN)_6]_2$ (Turnbulls Blau):

$$2\,K_3[Fe(CN)_6] + 3\,FeCO_4 =$$

3. *Kupfersulfat:* grüner Niederschlag von Kupferferricyanid $Cu_3[Fe(CN)_6]_2$.

Formel:

4. *Silbernitrat:* rostbrauner Niederschlag von Silberferricyanid $Ag_3[Fe(CN)_6]$.

Formel:

5. *Zinksulfat* und viele andere lösliche Salze der Schwermetalle geben in sauren Lösungen Niederschläge.

Anmerk. Lösliche Ferricyanide wirken besonders in alkalischer Lösung stark oxydierend und gehen hierbei in Ferrocyanide über, so scheiden sie aus Jodkalium Jod ab, führen schweflige Säure in

Schwefelsäure, Bleioxyd in Peroxyd, Chromoxyd in Chromsäure über usw.

$$2K_3[Fe(CN)_6]K_3 + 2KJ = 2K_4[Fe(CN)_6] + J_2$$
$$2K_3[Fe(CN)_6]K_3 + Pb(OK)_2 = 2K_4[Fe(CN)_6] + PbO_2.$$

7. Rhodanwasserstoff $HSCN$.

(*Rhodanion:* SCN'.)

Nur die Kupfer-, Silber- und Quecksilberrhodanide sind in Wasser unlöslich.

Vorprüfung: a) im Glühröhrchen Zersetzung unter Entweichen gasförmiger Produkte [N_2, $(CN)_2$ bisweilen auch S].

b) mit konzentrierter Schwefelsäure lebhafte Zersetzung unter Entwicklung von COS, mit blauer Flamme brennbar.

c) *Heparreaktion.*

In Lösungen der Rhodanide geben

1. *Ferrisalze:* die charakteristische blutrote Färbung des leicht löslichen Ferrirhodanids $Fe(SCN)_3$.

Formel:

Die rote Färbung verschwindet nicht auf Zusatz von Salzsäure (Unterschied von Essigsäure). Beim Schütteln mit Äther färbt sich dieser rot. — Die Rotfärbung mit Ferrisalzen tritt infolge von Komplexsalzbildung nicht ein bei Gegenwart von Oxalsäure u. a. organischen Säuren, auch nicht bei Anwesenheit von Merkurisalzen.

2. *Silbernitrat:* einen weißen, käsigen Niederschlag von Silberrhodanid $AgSCN$, unlöslich in Salpetersäure, löslich in Ammoniak.

Formel:

3. *Kupfersulfat und schweflige Säure:* beim Erwärmen weißes Kupferrhodanür $Cu_2(SCN)_2$.

$$2CuSO_4 + 4KSCN = 2Cu(SCN)_2 + 2K_2SO_4$$
$$2Cu(SCN)_2 + SO_2 + 2H_2O = Cu_2(SCN)_2 + 2HSCN + H_2SO_4.$$

4. *Mercuro- und Mercurinitrat:* weiße Niederschläge der entsprechenden Rhodanide.

8. Schwefelwasserstoff H_2S.

(*Sulfidion: S''.*)

In wäßrigen Lösungen ist nur auf Alkalisulfide, sowie auf Sulfosalze des Arsens, Antimons und Zinns (vgl. S. 102) Rücksicht zu nehmen. Die Lösungen reagieren alkalisch.

1 Liter Wasser löst bei gewöhnlicher Temperatur 0,4 g H_2S.

Vorprüfung: a) *Heparreaktion;*

b) beim Erhitzen im Glühröhrchen geben Polysulfide und einige Sulfide ein *Sublimat* von *Schwefel.*

1. Alle Sulfide entwickeln mit verdünnter Salzsäure schon in der Kälte *Schwefelwasserstoff*, die in Salzsäure schwer oder unlöslichen Sulfide (Quecksilbersulfid, Mussivgold) jedoch *erst nach* Zusatz von Zink, am besten in Form von Zinkstaub.

Die Lösungen der Alkalipolysulfide sind gelb gefärbt und scheiden gleichzeitig Schwefel ab, z. B.:

$$K_2S_5 + 2HCl = H_2S + 4S + 2KCl.$$

2. Der bei der Zersetzung von Schwefelmetallen freiwerdende *Schwefelwasserstoff* läßt sich leicht erkennen:

a) am *Geruch;*

b) an der *Brennbarkeit*, bei größeren Mengen;

c) am *Braun-* oder *Schwarzwerden* eines in *Bleisalzlösung* getauchten Papierstreifens, bei Spuren.

3. Schwefelwasserstoff wird leicht, allmählich schon durch den Sauerstoff der Luft unter Abscheidung von S oxydiert:

$$2H_2S + O_2 = 2S + 2H_2O.$$

Daher bildet sich in den Flaschen mit Schwefelwasserstoffwasser mit der Zeit ein Bodensatz von Schwefel.

Energischer wirken: Chlor, Brom, Jod, Salpeter-, Chromsäure usw., auch Ferrisalze, welche reduziert werden, Schwefelwasserstoff ist daher ein kräftiges Reduktionsmittel.

4. Besondere Reagenzien zum Nachweis *sehr kleiner* Mengen Schwefelwasserstoff:

a) *Nitroprussidnatrium.* Spuren der wäßrigen Lösung eines Alkalisulfids geben sich auf Zusatz eines Tropfens einer verdünnten Lösung von Nitroprussidnatrium durch Violettrotfärbung zu erkennen. Freier Schwefelwasserstoff reagiert erst auf Zusatz von Natronlauge.

b) p-*Amidodimethylanilinsulfat.* Zur Lösung einiger Körnchen des Reagens in konzentrierter Salzsäure füge 1—2 Tropfen Ferrichlorid und hierauf die zu untersuchende Lösung. Bei Gegenwart von Schwefelwasserstoff färbt sich die Flüssigkeit nach einiger Zeit rein blau (Methylenblaureaktion).

9. Jodsäure HJO_3.

(*Jodation:* JO_3'.)

Nur die Jodate der Alkalien sind in Wasser leicht löslich.

Vorprüfung: a) Im Glühröhrchen: Entwicklung von Sauerstoff.
b) Auf Kohle erhitzt: Verpuffen.
c) Mit konzentrierter Schwefelsäure erwärmt: *keine* Ausscheidung von Jod (Unterschied von Jodiden).

1. *Reduktionsmittel,* Jodwasserstoff, Schwefelwasserstoff, schweflige Säure (bei tropfenweißem Zusatz), Oxalsäure (beim Kochen) reduzieren die Jodate in saurer Lösung zu Jod, z. B.:

$$KJO_3 + 5KJ + 3H_2SO_4 = 3J_2 + 3K_2SO_4 + 3H_2O.$$

2. *Silbernitrat:* weißer, voluminöser Niederschlag von *Silberjodat* $AgJO_3$ in verdünnnter Salpetersäure kaum in Ammoniak leicht löslich.

Formel:

Aus der ammoniakalischen Lösung fällt auf Zusatz von schwefliger Säure gelbes AgJ (Unterschied von $AgCl$ usw.).

$$AgJO_3 + 3H_2SO_3 = AgJ + 3H_2SO_4.$$

10. Bromsäure $HBrO_3$.

(*Bromation:* BrO_3'.)

Vorprüfung: a) und b) wie bei Jodsäure,
c) mit konzentrierter Schwefelsäure: braune Dämpfe von Brom.

Die Bromate verhalten sich den Jodaten analog.

Die Silbersalze der Anionen der zweiten Gruppe lassen sich nach dem Verhalten gegen Ammoniak unterscheiden in

lösliche:	*unlösliche:*
$AgCl$	AgJ
$AgJO_3(AgBrO_3)$	Ag_2S
$AgCN$	$Ag_4[Fe(CN)_6]$
$Ag_3[Fe(CN)_6]$	*schwer löslich:*
$AgCNS$	$AgBr$.

Nachweis von Chlor, Brom, Jod

nebeneinander. Zur Ermittelung des Chlors behandle den Niederschlag nach sorgfältigem Auswaschen mit Ammoniak (bei Gegenwart von Brom, besser mit Ammoniumcarbonat) und filtriere. Einen Teil des Filtrats säuere mit Salpetersäure an. Entsteht hierbei nur eine geringe Trübung ($AgBr$), so versetze den anderen Teil mit etwas Kaliumbromid. Bei Abwesenheit von Chlor bleibt die Lösung klar (S. 125). — Zum Nachweis von Jod und Brom füge zur ursprünglichen (nicht mit Silbernitrat versetzten) angesäuerten Lösung Kaliumnitrit und schüttele das ausgeschiedene Jod mit Schwefelkohlenstoff oder Chloroform aus (S. 127), oder verdampfe in einer Porzellanschale das Jod. Nach Entfernung des Jods scheide das Brom mit (nicht zu viel!) Chlorwasser oder Natriumhypochlorid ab (S. 127).

neben Cyan. Den *getrockneten* Silberniederschlag erhitze in einem Porzellantiegel bis zur vollständigen Zersetzung des Cyansilbers:

$$2AgCN = 2Ag + (CN)_2.$$

Nach dem Erkalten füge die 3 bis 4fache Menge reine Soda hinzu und erhitze von neuem, bis der Inhalt des Tiegels geschmolzen ist. In dem wäßrigen Auszug der Schmelze sind die Halogene nachzuweisen. Auch Ferro- und Ferricyansilber werden beim Erhitzen zerstört. Aus dem angesäuerten Sodaauszug lassen sich *Ferro- und Ferricyan*, durch Zinksulfat (S. 130, 5.) *Rhodan* als Kupferrhodanür (S. 131, 3.) abscheiden.

Cyan neben Ferro- und Ferricyan.

Verreibe die Substanz mit festem *Natriumbicarbonat*, füge nur so viel Wasser hinzu, daß eine breiige Masse entsteht und erwärme. Die frei werdende Kohlensäure verdrängt aus Cyaniden, jedoch nicht aus Ferro- und Ferricyaniden, Blausäure, erkennbar am Geruch (Vorsicht! S. 127).

In zweifelhaften Fällen verschließe das Reagenzrohr mit einem Korkstopfen, der ein rechtwinklig gebogenes Glasrohr trägt, dessen längerer Schenkel als Kühlrohr dient, destilliere einige Tropfen ab und untersuche das Destillat.

Bromate (Jodate)

lassen sich neben Chloriden in ähnlicher Weise, wie Chlorate (S. 159, 2.) nachweisen. Fügt man zur Lösung des Silberniederschlags in Ammoniak schweflige Säure, so scheidet sich $AgBr$ und AgJ ab.

Gruppe II.

Säuren, welche aus sauren Lösungen durch *Bariumchlorid*, nicht aber durch Silbernitrat gefällt werden.

Schwefelsäure, Kieselfluorwasserstoffsäure, (Fluorwasserstoffsäure).[1]

1. Schwefelsäure H_2SO_4.

(*Sulfation*: SO_4''.)

Die meisten Sulfate sind in Wasser leicht löslich; schwer löslich sind: *Silbersulfat* (in 200 Tln.), *Calciumsulfat* (in 500 Tln.); sehr schwer löslich: *Strontiumsulfat* (in 9000 Tl.), *Bleisulfat* (in 27000 Tln.); *Bariumsulfat* ist in Wasser und Säuren unlöslich.

[1] Vgl. 3., S. 138.

Die Sulfate lassen sich durch Behandeln mit Alkalicarbonat in die entsprechenden *Carbonate* überführen, $BaSO_4$ nur schwierig, wird daher besser durch Schmelzen mit Soda aufgeschlossen.

Vorprüfung: Auf Kohle mit Soda geglüht:
Heparreaktion.

Aus Lösungen der Sulfate fällt:

1. *Barium*chlorid, unlösliches, Bariumsulfat; weiß, pulverig.

Formel:

Die Unlöslichkeit des Niederschlags in Salzsäure ermöglicht die Trennung der Schwefelsäure von *allen andern* Säuren mit Ausnahme der Fluorkieselsäure.

2. *Bleiacetat* nach dem Ansäuern mit Essigsäure oder Salpetersäure Bleisulfat[1], weiß, pulverig.

Formel:

Das Bleisulfat ist in Natronlauge, sowie in einer Mischung von Ammoniumtartrat und Ammoniak (als Komplexsalz) löslich. Die Lösung gibt

a) nach Zusatz von Kaliumchromat beim Ansäuern mit Essigsäure einen gelben Niederschlag von $PbCrO_4$;
b) mit Schwefelwasserstoff einen schwarzen Niederschlag von PbS.

Auch Natriumthiosulfat löst Bleisulfat als Komplexsalz. Beim Kochen mit konzentrierter Salzsäure geht Bleisulfat in Chlorblei über, welches sich beim Erkalten der Lösung in nadelförmigen Krystallen ausscheidet.

2. Kieselfluorwasserstoff H_2SiF_6.

(*Fluorsilication*: SiF_6''.)

Die meisten Fluorsilicate sind in Wasser löslich; schwer löslich ist *Kieselfluorkalium*, unlöslich *Kieselfluorbarium*.

---

[1] In Salpetersäure ist Bleisulfat viel leichter löslich als in Wasser; es löst sich z. B. 1 Tl. $PbSO_4$ in 172 Tln. Salpetersäure vom spez. Gew. 1,144 (entsp. 21 Gew.-Proz. HNO_3). In verdünnter Schwefelsäure ist Bleisulfat noch schwerer löslich als in Wasser, in konzentrierter Schwefelsäure dagegen reichlicher, und fällt daher beim Verdünnen mit Wasser wieder aus.

Vorprüfung: a) Beim Erhitzen für sich im Glühröhrchen entweicht *Fluorsilicium*, erkennbar durch Wasser am befeuchteten Glasstab (*Unterschied von Fluormetallen*), z. B.:

$$K_2SiFl_6 = 2KFl + SiFl_4.$$

b) Beim Erhitzen mit konzentrierter Schwefelsäure im Probierglas entweicht Fluorsilicium.

In Lösungen, welche Fluorsilicate enthalten, entsteht auf Zusatz von:

1. *Bariumchlorid* ein weißer krystallinischer, in Säuren unlöslicher Niederschlag von $BaSiF_6$, der sich nach dem Kochen rasch zu Boden setzt.

Formel:

Bariumfluorsilicat läßt sich leicht von Bariumsulfat unterscheiden und *neben* Bariumsulfat an seiner charakteristischen Krystallform unter dem Mikroskop erkennen.

2. *Kaliumchlorid* (in nicht zu verdünnten Lösungen) ein amorpher, durchscheinender Niederschlag von K_2SiF_6.

Formel:

3. Im Platintiegel oder Bleischälchen mit konzentrierter Schwefelsäure übergossen, entweicht Fluorwasserstoff *und* Fluorsilicium (vgl. 1., S. 138).

3. Fluorwasserstoff (Flußsäure) *HF*.

(*Fluorion*: *F'*.)

Die Fluoride der Alkalien, des Silbers, Quecksilbers und Aluminiums sind in Wasser löslich, die der anderen Metalle unlöslich oder schwer löslich. Die Lösungen der Fluoride greifen Glas an, indem Kieselsäure in Lösung geht.

Vorprüfung: Mit konzentrierter Schwefelsäure im *trocknen* Probierglas erhitzt, entweicht Fluorsilicium. Das Gas erzeugt an einem mit *Wasser* befeuchteten Glasstab eine gallertartige Abscheidung von Kieselsäure.

Zunächst entsteht Fluorwasserstoff, welcher auf die Kieselsäure des Glases einwirkt, z. B.:

$$CaFl_2 + H_2SO_4 = CaSO_4 + 2FlH$$
$$4FlH + SiO_2 = SiFl_4 + 2H_2O.$$

(Das Wasser wird von der konzentrierten Schwefelsäure zurückgehalten, das Fluorsilicium entweicht.)

$$3SiFl_4 + 3H_2O = H_2SiO_3 + 2H_2SiFl_6.$$

1. Mit konzentrierter Schwefelsäure im Platintiegel oder Bleischälchen übergossen, entwickeln die Fluormetalle *nur* Fluorwasserstoff.

Die ätzende Wirkung des Fluorwasserstoffs läßt sich leicht folgendermaßen nachweisen. Überziehe einen Glasscherben mit einer dünnen Schicht von Wachs oder Paraffin und lege das Glas durch Einzeichnen von Schriftzügen an einzelnen Stellen bloß. Hierauf bedecke das Gefäß, in welchem sich der Fluorwasserstoff entwickelt, mit dem Glasscherben und setze denselben einige Zeit der Einwirkung des Gases aus.

2. *Silbernitrat* gibt in Lösungen von Fluoriden keinen Niederschlag.

3. *Bariumchlorid* erzeugt in Lösungen der Fluoralkalien einen weißen Niederschlag von BaF_2, *löslich in Salpetersäure*[1], in Essigsäure unlöslich.

Auch die durch Calciumchlorid, Bleiacetat usw. entstehende Niederschläge lösen sich in Salpetersäure, aber nicht in Essigsäure.

Gruppe III.

Säuren, welche *nur aus essigsauren* Lösungen durch Silbernitrat *und* Bariumchlorid gefällt werden. Die Niederschläge sind in Salpetersäure löslich.

(*Schweflige-*, *Thioschwefel-*, *Oxal-*, *Chromsäure*).

[1] Streng genommen, gehört daher Fluorwasserstoffsäure nicht in die Gruppe II, in die sie aus Zweckmäßigkeitsgründen eingereiht wurde.

1. Schweflige Säure.

($Sulfition: SO_3''$.)

Schweflige Säure, von welcher sich die Sulfite ableiten, existiert in freiem Zustande nicht. Beim Versuche, sie aus Lösungen abzuscheiden, zerfällt sie:

$$H_2SO_3 = H_2O + SO_2$$

in Wasser und Schwefeldioxyd, das noch vielfach mit „schweflige Säure" bezeichnet wird.

Nur die Sulfite der Alkalien sind in Wasser löslich.

Schweflige Säure ist ein kräftiges Reduktionsmittel (5).

Vorprüfung: a) *Heparreaktion*,
b) beim Erhitzen im Glühröhrchen geben die Alkalisulfite Sulfat und Schwefelmetall.

1. Alle Sulfite werden durch *Salzsäure* ohne Abscheidung von Schwefel (Unterschied von Thiosulfaten) zersetzt, beim Kochen entweicht SO_2, erkennbar am stechenden Geruch (nach verbrennendem Schwefel).

Formel:

Die wäßrigen Lösungen der Alkalisulfite geben:

2. mit *Silbernitrat* einen weißen Niederschlag Ag_2SO_3, unlöslich in Essigsäure, löslich in Ammoniak und heißer Salpetersäure. Der Niederschlag wird beim Kochen mit Wasser unter Bildung von metallischem Silber grau, gleichzeitig entweicht SO_2:

$$Ag_2SO_3 + H_2O = Ag_2 + H_2SO_4$$
$$H_2SO_4 + Ag_2SO_3 = Ag_2SO_4 + SO_2 + H_2O$$

3. mit *Chlorbarium*, einen weißen Niederschlag von $BaSO_3$, unlöslich in Essigsäure. Die Lösung in Salzsäure trübt sich allmählich an der Luft (warum?).

Formel:

4. mit *Nitroprussidnatrium* und *Zinksulfat* in neutralen Lösungen einen rötlichen Niederschlag. Durch Zusatz einiger Tropfen *Ferrocyankalium* wird die Reaktion empfindlicher (Unterschied von Thiosulfaten).

5. Schweflige Säure und Sulfite werden schon durch den Sauerstoff der Luft allmählich zu Schwefelsäure oder zu Sulfaten oxydiert, z. B.:

$$2 Na_2SO_3 + O_2 = 2 Na_2SO_4 .$$

Ist der oxydierend wirkende Körper gefärbt, so läßt sich die schweflige Säure an der Farbenänderung, welche das Oxydationsmittel erleidet, erkennen, wenn keine anderen reduzierend wirkenden Körper vorhanden sind, z. B.:

a) die rote *Chamäleonlösung* wird entfärbt:

$$2 KMnO_4 + 5 SO_2 + 2 H_2O = K_2SO_4 + 2 MnSO_4 + 2 H_2SO_4 .$$

b) die orangegelbe Lösung des *Kaliumbichromats* wird grün:

$$K_2Cr_2O_7 + 3 SO_2 + 2 HCl = Cr_2(SO_4)_3 + 2 KCl + H_2O .$$

c) die gelbbraune Lösung der *Eisenoxydsalze* wird entfärbt:

$$Fe_2(SO_4)_3 + SO_2 + 2 H_2O = 2 FeSO_4 + 2 H_2SO_4 .$$

d) die braune *Jodlösung* wird farblos:

$$J_2 + SO_2 + 2 H_2O = H_2SO_4 + 2 HJ .$$

Die entstandene Schwefelsäure ist nachzuweisen.

6. Mit *Salzsäure und Zink* erwärmt, entwickeln Sulfite *Schwefelwasserstoff* (empfindliche Reaktion auf schweflige Säure bei Abwesenheit von Schwefelmetallen und Thiosulfaten):

$$K_2SO_3 + 3 Zn + 8 HCl = H_2S + 2 KCl + 3 ZnCl_2 + 3 H_2O .$$

7. In Lösungen, welche freie schweflige Säure enthalten, tritt durch *Schwefelwasserstoff* eine Fällung von Schwefel ein:

$$SO_2 + 2 H_2S = 3 S + 2 H_2O .$$

2. Thioschwefelsäure (unterschweflige Säure).

(*Thiosulfation*: S_2O_3'')

ist in freiem Zustande nicht darstellbar. Die Alkalithiosulfate, auch Zinkthiosulfat, sind in Wasser leicht löslich: Die Thiosulfate der alkalischen Erden und der meisten Schwermetalle sind schwer oder unlöslich, letztere geben mit Natriumthiosulfat lösliche Komplexsalze.

Vorprüfung: a) *Heparreaktion*,
b) im Glühröhrchen erhitzt, entsteht ein *Sublimat* von *Schwefel*, z. B.:

$$4\,Na_2S_2O_3 = 3\,Na_2SO_4 + \underbrace{Na_2S_5}_{Na_2S + 2S_2}.$$

1. Durch Salzsäure werden die Thiosulfate unter Entwicklung von schwefliger Säure *und Abscheidung von Schwefel* zersetzt, z. B.:

$$K_2S_2O_3 + 2\,HCl = SO_2 + S + 2\,KCl + H_2O.$$

2. In nicht zu verdünnten Lösungen der Thiosulfate entsteht ein Niederschlag auf Zusatz von:

a) *Chlorbarium*, weiß; löslich in viel Wasser.

Formel:

b) *Silbernitrat*, rasch gelb, allmählich schwarz werdend, unter Bildung von Ag_2S:

$$Ag_2S_2O_3 + H_2O = Ag_2S + H_2SO_4.$$

Der frischgefällte Niederschlag ist unter Komplexbildung in Natriumthiosulfat löslich:

$$Ag_2S_2O_3 + Na_2S_2O_3 = 2\,Na[AgS_2O_3]_2.$$

c) *Bleiacetat*, weiß.

Der Niederschlag ist in Natriumthiosulfat unter Komplexbildung löslich. Beim Kochen färbt sich der Niederschlag unter Bildung von *PbS* schwarz.

3. Lösliche Thiosulfate entfärben die braune Lösung von *Jod* in Jodkalium unter Bildung von tetrathionsaurem Salz und Jodmetall:

$$2\,Na_2S_2O_3 + 2\,J = S_2{}^{SO_3Na}_{SO_3Na} + 2\,NaJ.$$

4. Die Lösungen der *Alkalithiosulfate* werden durch Eisenchlorid vorübergehend rotviolett gefärbt (Unterschied von schwefliger Säure).

Alkalisalzlösungen, welche *Sulfite*, *Thiosulfate* und *Sulfide* nebeneinander enthalten, versetze zunächst mit Natronlauge und füge hierauf eine von Sulfaten freie Lösung von Natriumzinkat hinzu. Der Niederschlag ist abzufiltrieren und (mit Bleipapier!) auf Sulfide zu prüfen. Das neutralisierte Filtrat versetze mit Strontiumnitrat. Thiosulfate bleiben in Lösung. Der Niederschlag ist nach dem Auswaschen auf schweflige Säure zu prüfen.

3. Oxalsäure $\begin{matrix} COOH \\ \dot{C}OOH \end{matrix}$.

($Oxalation$: C_2O_4''.)

Nur die Oxalate der Alkalien und des Ammoniums sind in Wasser löslich, die Oxalate der Schwermetalle sind unlöslich, geben jedoch vielfach mit den Alkalioxalaten lösliche Komplexsalze.

Vorprüfung: a) Beim Erhitzen im Glühröhrchen: Kohlenoxyd; die Oxalate der *Schwermetalle* und freie Oxalsäure entwickeln zugleich Kohlensäure.

b) Beim Erwärmen mit konzentrierter Schwefelsäure: Kohlenoxyd *und* Kohlensäure; *ohne* nennenswerte Abscheidung von Kohle.

Aus Lösungen der Oxalate fällen:

1. *Kalkwasser*, Kalksalze, insbesondere auch *Gipswasser*: Calciumoxalat, weiß, pulverig:

$$K_2C_2O_4 + CaSO_4 = CaC_2O_4 + K_2SO_4 .$$

Der Niederschlag ist in Essigsäure *unlöslich* (Unterschied von Kohlensäure und Weinsäure), in Mineralsäuren löslich.

Anmerk. Die für Oxalation charakteristische Reaktion mit Gipswasser tritt nicht ein, wenn komplexe Oxalate, z. B. des Eisens, Chroms und Aluminiums, vorliegen.

2. *Silbernitrat* weißes Silberoxalat, das sich beim Kochen nicht schwärzt.

Der Niederschlag ist in Salpetersäure leicht löslich, in Essigsäure unlöslich.

Formel:

3. *Bleiacetat* weißes Bleioxalat, aus sauren Lösungen jedoch erst nach Zusatz von *Natriumacetat*.

Der Niederschlag ist in Salpetersäure und in Natronlauge löslich, in Essigsäure unlöslich.

Formel:

4. *Kaliumpermanganat* (auch *Braunstein*) und verdünnte Schwefelsäure oxydieren Oxalsäure beim Erwärmen zu Kohlensäure und Wasser. Die rote Farbe des Permanganats verschwindet:

$$H_2C_2O_4 + MnO_2 + H_2SO_4 = 2\,CO_2 + 2\,H_2O + MnSO_4$$
$$5\,H_2C_2O_4 + 2\,KMnO_4 + 3\,H_2SO_4 = 10\,CO_2 + 8\,H_2O + 2\,MnSO_4 + K_2SO_4 .$$

4. Chromsäure.

(*Chromation*: CrO_4'' und *Bichromation*: Cr_2O_7''.)

Freie Chromsäuren von der Zusammensetzuag H_2CrO_4 und $H_2Cr_2O_7$ sind nicht bekannt; konz. Schwefelsäure spaltet aus Chromaten und Bichromaten CrO_3 (Chromsäureanhydrid) ab, z. B.

$$K_2Cr_2O_7 + H_2SO_4 = 2\,CrO_3 + K_2SO_4 + H_2O,$$

welches leicht Sauerstoff abgibt und in Chromoxyd übergeht:

$$2\,CrO_3 = 3\,O + Cr_2O_3 .$$

Alle Chromate werden durch Schwefelwasserstoff in hinreichend saurer Lösuug unter Abscheidung von Schwefel in grünes Chromisalz übergeführt und geben sich daher schon beim Aufsuchen der Kationen zu erkennen (vgl. S. 71).

Nur die Chromate und Bichromate der Alkalien, der alkalischen Erden (mit Ausnahme des Bariums) und des Magnesiums sind in Wasser löslich. Die Lösungen der Chromate haben eine *gelbe*, diejenigen der Bichromate eine *orangerote* Farbe.

Chromate gehen leicht in Bichromate über und umgekehrt diese in jene, z. B.:

$$2\,K_2CrO_4 + 2\,HCl = K_2Cr_2O_7 + 2\,KCl + H_2O$$
$$K_2Cr_2O_7 + 2\,KOH =$$

Saure Lösungen enthalten daher nur Bichromation, alkalische Lösungen nur Chromation.

Vorprüfung: a) *grüne* Phosphorsalzperle;

b) im Glühröhrchen und beim Erwärmen mit konzentrierter Schwefelsäure entweicht *Sauer-*

stoff (Unterschied von Chromoxyd). Ammoniumbichromat gibt beim Erhitzen für sich Chromoxyd und Stickstoff:

$$(NH_4)_2Cr_2O_7 = Cr_2O_3 + N_2 + 4H_2O.$$

1. In den wäßrigen Lösungen der Chromate und Bichromate entsteht ein Niederschlag auf Zusatz von

a) *Chlorbarium*: $BaCrO_4$, hellgelb, unlöslich in Essigsäure, in Salz- und Salpetersäure löslich.

Formel:

b) *Bleiacetat*: $PbCrO_4$, gelb, unlöslich in Essigsäure, in Salpetersäure und Natronlauge leicht löslich.

Formel:

c) *Silbernitrat*: Ag_2CrO_4 oder $Ag_2Cr_2O_7$, braunrot, in Ammoniak und heißer Salpetersäure löslich.

Formel:

2. Chromate und Bichromate entwickeln

a) mit *konzentrierter Salzsäure* Chlor:

$$K_2Cr_2O_7 + 14HCl = 6Cl + 2KCl + 2CrCl_3 + 7H_2O.$$

In ähnlicher Weise werden Brom- und Jodwasserstoff zu Brom und Jod oxydiert.

b) in trockenem Zustande mit festem *Chlornatrium* und *konzentrierter Schwefelsäure* erwärmt, rotbraune Dämpfe von Chlorchromsäure CrO_2Cl_2, welche leicht in *Chromsäure* und *Salzsäure* zerfällt vgl. 2., S. 124):

3. Durch *Wasserstoffperoxyd* lassen sich *die geringsten Spuren von Chromsäure* nachweisen. Überschichte die schwach saure Lösung von Wasserstoffperoxyd im Probierglas mit etwas Äther und füge einen Tropfen der zu untersuchenden Lösung hinzu. Bei Gegenwart von Chromaten färbt sich die Ätherschicht beim Schütteln blau, infolge Bildung von (sehr unbeständiger) Überchromsäure.

4. *Reduktion zu Chromoxyd.* Die Chromate werden außer den bereits erwähnten Fällen in hinreichend sauren Lösungen durch schweflige Säure, Stanno-, Ferrosalze, Oxalsäure, Alkohol usw. zu Chromisalz reduziert, die gelbrote Lösung wird grün, z. B.:

$$K_2Cr_2O_7 + 3SO_2 + H_2SO_4 = Cr_2(SO_4)_3 + K_2SO_4 + H_2O.$$

Kaliumbichromat ist ein kräftiges Oxydationsmittel.

Gruppe IV.

Säuren, welche aus sauren Lösungen, auch wenn sie nur freie Essigsäure enthalten, durch Silbernitrat und Bariumchlorid *nicht* gefällt werden. Die in neutralen Lösungen entstehenden Niederschläge sind auch in Essigsäure löslich.

(Phosphorsäure, Arsen- und arsenige Säure, Borsäure, Kieselsäure, Kohlensäure, Weinsäure.)

1. Phosphorsäure H_3PO_4.

(*Phosphationen:* H_2PO_4', HPO_4'', PO_4'''.)

In Wasser sind nur die Alkaliphosphate und die primären Phosphate der alkalischen Erden löslich, die übrigen Phosphate lösen sich in Säuren.

Die stufenweise Ionisation, welche alle mehrbasische Säuren erleiden, kommt bei der Phosphorsäure besonders zum Ausdruck. Die Lösungen der tertiären und der sekundären Phosphate, z. B. Na_3PO_4 (Trinatriumphosphat) und Na_2HPO_4 (Binatriumphosphat) reagieren alkalisch, da PO_4''' sehr leicht, HPO_4'' in geringer Menge infolge von Hydrolyse in niedere Phosphationen und freie *Hydroxylionen*, welche die alkalische Reaktion bedingen, übergehen:

$$PO_4''' + H_2O = HPO_4'' + HO'$$
$$HPO_4'' + H_2O = H_2PO_4' + HO'.$$

Die analytischen Reaktionen der verschiedenen Phosphationen sind im wesentlichen die gleichen. —

Wo Phosphation als Reagens Anwendung finden soll, bedient man sich in der Regel des leicht rein zu erhaltenden, in Lösungen beständigen Binatriumphosphats.

Vorprüfung: a) *fahlgrüne* Flammenfärbung nach dem Befeuchten mit konzentrierter Schwefelsäure;

b) mit *Kobaltlösung* auf Kohle geglüht, geben Alkaliphosphate blaugefärbte Gläser, Phosphate der alkalischen Erden blaue unschmelzbare Massen.

1. *Magnesiamischung*[1]: fällt aus neutralen oder ammoniakalischen Lösungen: Magnesiumammoniumphosphat $MgNH_4PO_4$, weiß, krystallinisch, in Säuren leicht, in Wasser schwer, in Ammoniak fast unlöslich.

In sehr verdünnten Lösungen bilden sich nur ganz allmählich in der Regel an den Glaswandungen anhaftende Krystalle.

Ist die Lösung sauer, so ist zu beachten, ob auf Zusatz von Ammoniak allein ein Niederschlag entsteht. Enthält die Lösung freies Alkali, so ist zunächst anzusäuern und dann mit Ammoniak zu versetzen.

Aus sauren Lösungen, jedoch erst nach Zusatz von Natriumacetat fällen:

2. *Eisenchlorid*: Ferriphosphat $FePO_4$, weiß.

Formel:

Der Niederschlag ist in überschüssigem Eisenchlorid, in Ferriacetat und bei unvollständiger Fällung auch in Ammoniak löslich.

3. *Bleiacetat*: Bleiphosphat $Pb_3(PO_4)_2$, weiß, unlöslich in Essigsäure und Ammoniak, löslich in Salpetersäure und Alkalilauge.

Formel:

Das *empfindlichste* Reagens, welches noch Spuren von Phosphorsäure, z. B. in der Ackererde, erkennen läßt, ist

4. *Ammoniummolybdat.* Das Reagens ist im Überschuß zu der zu untersuchenden freien Salpetersäure enthaltenden Lösung zu geben. Mäßiges Erwärmen befördert die Abscheidung des gelben körnigen Niederschlags von Ammoniumphosphormolybdat $(NH_4)_3PO_4$ $12\,MoO_3$, löslich in Ammoniak. Arsensäure zeigt ein ähnliches Verhalten. (Vgl. 3. b), S. 100.)

[1] Eine Mischung von Magnesiumchlorid, Salmiak und Ammoniak, die beim Kochen klar bleiben soll.

Auch Kieselsäure wird durch Ammoniummolybdat gefällt. Die Lösung des Niederschlags in Ammoniak gibt jedoch mit Magnesiamischung keinen Niederschlag. — Sind gleichzeitig Ferrocyanide vorhanden, welche die Reaktionen beeinträchtigen, so ist eine vorangehende Abscheidung der Phosphorsäure durch Bariumchlorid und Ammoniak vorzunehmen und der Niederschlag nach dem Auswaschen in Salpetersäure zu lösen. — Größere Mengen von Chloriden (Bromiden, Jodiden), sofern sie das Auftreten von Chlor usw. in der salpetersauren Lösung veranlassen könnten, dürfen nicht zugegen sein und sind nötigenfalls durch Silbernitrat zu entfernen. — In Lösungen, die *freien* H_2S enthalten, tritt oft Blaufärbung infolge von Reduktion der Molybdänsäure ein.

2. Arsensäure und arsenige Säure

werden in saurer Lösung von *Schwefelwasserstoff* in *Arsentrisulfid* übergeführt, Arsensäure erst bei genügend langer Einwirkung von H_2S in der Wärme. Die Gegenwart der arsenigen Säure und Arsensänre wird daher bereits bei Aufsuchung der *Basen* erkannt (vgl. S. 107 ff.).

Arsensäure zeigt in ihrem übrigen Verhalten große Ähnlichkeit mit der Phosphorsäure.

3. Borsäure H_3BO_3.

Die Borate leiten sich von der Metaborsäure HBO_2 und den Polyborsäuren $[aH_3BO_3 - bH_2O]$ ab, z. B. der Borax $Na_2B_4O_7$ von einer Säure, die sich aus der Formel ergibt, wenn $a = 4$ und $b = 5$.

Die Borate sind in Wasser mehr oder weniger löslich, die Lösungen reagieren alkalisch.

Borsäure ist mit Wasserdämpfen flüchtig und läßt sich daher aus angesäuerten Lösungen wegkochen.

Vorprüfung: a) *grüne* Flammenfärbung *nach dem Befeuchten* mit konzentrierter Schwefelsäure,

b) mit *Kobaltlösung* geglüht, geben die borsauren Alkalien ein blaues Glas.

1. Nur in konzentrierten wäßrigen Lösungen der Borate entsteht beim Ansäuern mit *Salzsäure* oder einer anderen Säure ein krystallinischer schuppiger Niederschlag von Borsäure (Unterschied von Phosphorsäure):

$$Na_2B_4O_7 + 2HCl + 5H_2O = 4H_3BO_3 + 2NaCl.$$

1 T. Borsäure löst sich in ungefähr 25 Tln. kaltem Wasser.

2. In nicht zu verdünnten wäßrigen Lösungen der Borate entstehen auf Zusatz von *Calcium-*, *Barium-*, *Silber-*, *Blei-*, *Mercuro-*, *Ferrisalzen* weiße oder gelbliche Niederschläge, die in Säuren, zum Teil auch in Ammoniumsalzen löslich sind.

3. Übergießt man *borsäurehaltige* Körper in fein gepulvertem Zustande im Porzellanschälchen mit einigen Tropfen *konzentrierter Schwefelsäure* und fügt nun Methylalkohol (CH_3OH) hinzu, so entsteht beim Anzünden des Alkohols eine grünumsäumte Flamme (Unterschied von Phosphorsäure).

Es bildet sich hierbei Borsäuremethylester $B(OCH_3)_3$ (Siedep. 65°), der durch die Wärme der Flamme verdampft, in dieselbe aufsteigt und die Grünfärbung bewirkt.

4. *Empfindlichste Reaktion auf Borsäure.* Taucht man in eine sauer reagierende Lösung, welche *Borsäure* enthält, *Curcumapapier*, so färbt sich dasselbe beim Trocknen *braunrot;* befeuchtet man die braunrot gewordene Stelle mit Natronlauge, so geht die Färbung in Grünschwarz über.

Die gleichzeitige Prüfung der Lösung mit Lackmuspapier ist nicht zu unterlassen, da alkalisch reagierende Flüssigkeiten an und für sich Curcumapapier braun färben.

4. Kieselsäure.

(*Siliciumdioxyd*: SiO_2.)

Die *Silicate* leiten sich von der Metakieselsäure H_2SiO_3 und den Polykieselsäuren $[aH_4SiO_4 - bH_2O]$ ab. Die Formel, in welcher a und b kleine ganze Zahlen bedeuten, erklärt die Mannigfaltigkeit der natürlich vorkommenden Silicate.

Nur die künstlich durch Zusammenschmelzen von Kieselsäure mit Alkalien oder Alkalicarbonaten dargestellten Alkalisilicate (Wasserglas) sind in Wasser löslich. Von den übrigen Silicaten werden die einen Zeolithe, Schlacken) durch Salzsäure unter Abscheidung von mehr oder weniger Kieselsäure und Bildung löslicher Chlormetalle zersetzt, während die andern durch Salzsäure nicht angegriffen werden und durch Schmelzen mit Soda aufzuschließen sind. Fluorwasserstoffsäure zersetzt alle Silicate, wobei das Silicium als Fluorsilicium entweicht. Hierauf beruht zugleich der sicherste Nachweis *kleiner* Mengen Kieselsäure (vgl. 1. b), S. 32).

Vorprüfung: a) *Kieselskelett* in der Phosphorsalzperle[1],
b) mit *Kobaltlösung* auf Kohle stark geglüht *blauviolette*, geschmolzene oder unschmelzbare Masse.

1. Die löslichen Alkalisilicate werden unter Abscheidung von gallertiger Kieselsäure zersetzt:

a) durch *Säuren*, selbst durch *Kohlensäure*, z. B.:

$$Na_2SiO_3 + CO_2 + H_2O = H_2SiO_3 + Na_2CO_3$$
$$Na_2SiO_3 + 2\,HCl =$$

In verdünnten Lösungen entsteht **kein** Niederschlag, vgl. die Anmerkung unten.

b) durch *Salmiak* und andere Ammoniumsalze:

$$Na_2SiO_3 + 2\,NH_4Cl = H_2SiO_3 + 2\,NaCl + 2\,NH_3.$$

Der Niederschlag entsteht auch in verdünnten Lösungen beim Erwärmen.

2. Die löslichen Salze der *alkalischen* Erden und *Schwermetalle* erzeugen in den Lösungen der **Alkalisilicate** Niederschläge, welche von konzentrierten Säuren unter Abscheidung von **Kieselsäure** zersetzt werden (vgl. auch 2. a), S. 40).

Anmerk. Bei der Zersetzung der Silicate durch Säuren scheidet sich meistens gallertartige, bisweilen pulverförmige Kieselsäure aus, **ein Teil** der Kieselsäure *bleibt stets* **in Lösung**. Bei Anwendung von viel und

[1] Es ist zu beachten, daß *nicht alle* Silicate das Kieselskelett geben.

verdünnter Säure kann es sich auch ereignen, daß alle Kieselsäure in Lösung bleibt.

Beim Eindampfen und Trocknen des Rückstandes geht die Kieselsäure in *unlösliches* Anhydrid SiO_2 über:

$$H_2SiO_3 = SiO_2 + H_2O .$$

Zur vollständigen Abscheidung der Kieselsäure dampfe ohne zu filtrieren) in einer Porzellanschale auf dem Wasserbade vollständig bis zur staubigen Trockne ein. Wird nun der Rückstand nach dem Befeuchten mit einigen Tropfen konzentrierter Salzsäure, um etwa entstandene basische Salze in Lösung zu bringen, mit Wasser ausgezogen, so bleibt SiO_2 zurück, während die Chlormetalle in Lösung gehen. Das zurückbleibende Siliciumdioxyd ist im Platintiegel mit Flußsäure auf seine Reinheit zu prüfen.

5. Kohlensäure.

Carbonation: CO_3''.

Kohlensäure H_2CO_3, von welcher sich die Carbonate ableiten, existiert in freiem Zustande nicht. Beim Versuche, sie aus Lösungen abzuscheiden, zerfällt sie:

$$H_2CO_3 = H_2O + CO_2$$

in Wasser und Kohlendioxyd, das noch vielfach mit „Kohlensäure" bezeichnet wird.

In reinem Wasser sind nur die Alkali- und Ammoniumcarbonate löslich, kohlensäurehaltiges Wasser jedoch (1 Vol. Wasser löst bei gewöhnlicher Temperatur etwa 1 Vol. CO_2) wirkt auf die Carbonate der alkalischen Erden und einiger Schwermetalle merklich lösend ein.

Vorprüfung: a) Beim Erhitzen im Glühröhrchen entwickeln nur die Carbonate der Schwermetalle CO_2.

b) Beim Übergießen mit Säuren entweicht unter Aufbrausen CO_2.

1. Durch Säuren werden die Carbonate schon in der Kälte unter Freiwerden von CO_2 zersetzt. Durch

Kochen läßt sich CO_2 leicht vollständig austreiben. CO_2 ist etwa 1,7 mal schwerer wie Luft und läßt sich daher aus einem Gefäß in das andere übergießen. Gießt man das sich entwickelnde, geruchlose Gas in ein Probierglas über, in welchem sich wenige Kubikzentimeter *Baryt-* oder *Kalkwasser* befinden, so entsteht nach dem Verschließen der Öffnung des Probierglases mit dem Daumen beim Umschütteln ein weißer Niederschlag von $BaCO_3$ oder $CaCO_3$, der sich unter Aufbrausen (Moussieren) in Salzsäure löst.

Da Wasser nicht mehr als 0,17 % $Ca(OH)_2$ löst und $CaCO_3$ bei Gegenwart von überschüssiger Kohlensäure etwas löslich ist, kann es sich bei Anwendung von zu wenig und zu verdünntem Kalkwasser ereignen, daß sich der anfangs entstandene Niederschlag wieder auflöst.

2. Die wäßrigen Lösungen der *Alkalicarbonate* werden gefällt durch die Salze der alkalischen Erden- und Schwermetalle, z. B. durch

a) *Chlorbarium*, weiß als $BaCO_3$.

Formel:

b) *Bleiacetat*, als Oxycarbonat: $Pb_3(OH)_2(CO_3)_2$ (Bleiweiß).

Formel:

c) *Silbernitrat*, in der Kälte weiß als Ag_2CO_3.

Formel:

Silbercarbonat zersetzt sich beim Kochen in schwarzbraunes Ag_2O und CO_2; Kupfercarbonat in CuO und CO_2 usw.

6. Weinsäure $C_4H_6O_6$.

($Tartration$: $C_4H_4O_6''$.)

Die Weinsäure vermag, entsprechend der Konstitutionsformel:

$$\begin{array}{l} CHOHCOOH \\ | \\ CHOHCOOH \end{array}$$

zwei Reihen von Salzen zu bilden, je nachdem nur ein H (saure weinsaure Salze oder Hydrotartrate) oder beide H der Carboxylgruppe ($-COOH$) durch Metalle vertreten sind. Weiterhin zeigt die Weinsäure große Neigung zu Komplexbildungen, bei denen, wie man annimmt, auch das H der Hydroxylgruppen durch Metalle ersetzt ist.

In Wasser schwer löslich sind: Kaliumhydrotartrat, sowie die Tartrate der alkalischen Erden und einiger Schwermetalle. Die *komplexen* Tartrate vieler Schwermetalle, insbesondere von Kupfer, Eisen, Chrom, Aluminium sind leicht löslich. Aus diesen Lösungen werden die genannten Metalle durch Natronlauge, Ammoniak usw. *nicht* gefällt.

Vorprüfung: a) Beim Erhitzen im Glühröhrchen: Zersetzung unter Abscheidung von *Kohle* und brenzlicht riechenden Dämpfen.

b) Beim Erwärmen mit konzentrierter Schwefelsäure: *Schwärzung* unter Entwicklung schwefliger Säure und brennbarer Gase. (8, S. 34.)

1. Fügt man zu der Lösung eines Tartrats *Kalilauge* und hierauf tropfenweise Salzsäure, so entsteht ein krystallinischer Niederschlag von Kaliumhydrotartrat (Weinstein). In verdünnten Lösungen entsteht der Niederschlag allmählich oder erst auf Zusatz von Alkohol. (Weinstein löst sich in etwa 200 Tln. Wasser, in etwa 400 Tln. 10proz. Alkohol usw.).

$$H_2C_4H_4O_6 + KOH = KHC_4O_6 + H_2O\,.$$

Das Kaliumhydrotartrat wird

a) durch überschüssige Kalilauge in *leicht lösliches* Kaliumtartrat:

$$KHC_4H_4O_6 + KHO = K_2C_4H_4O_6 + H_2O\,,$$

b) durch Salzsäure in *leicht lösliche* Weinsäure übergeführt:

$$KHC_4H_4O_6 + HCl = H_2C_4H_4O_6 + KCl\,.$$

Die Reagenzien sind daher so zu bemessen, daß sich das Kaliumhydrotartrat bilden kann (vgl. 2., S. 53).

NB. Die Fällung wird durch die Gegenwart selbst geringer Mengen Borsäure verhindert. (Vgl. S. 147.)

In den wäßrigen Lösungen der Tartrate erzeugen

2. *Kalkwasser* und lösliche Kalksalze (mit Ausnahme von Gipswasser) einen weißen Niederschlag von Calciumtartrat, löslich in Säuren, auch in Weinsäure, sowie in Chlorammonium und den Alkalien.

Calciumtartrat löst sich in etwa 2000 Tln. Wasser; der Niederschlag entsteht daher nicht in sehr verdünnten Lösungen.

Formel:

Die Lösung des Calciumtartrats in wenig Kali- oder Natronlauge trübt sich beim Kochen; beim Erkalten wird sie wieder klar.

3. *Silbernitrat* in der Kälte weißes Silbertartrat, löslich in Salpetersäure und Ammoniak.

Formel:

Beim Kochen mit Wasser wird Silbertartrat schwarz, infolge der Reduktion zu Silber. Einen glänzenden, an den Glaswandungen fest anhaftenden Silberspiegel erhält man, wenn man zum Niederschlag vorsichtig nicht mehr verdünntes Ammoniak hinzufügt, wie gerade zur Lösung erforderlich ist, und nun das Probierglas für einige Zeit in heißes Wasser stellt.

Gruppe V.

Säuren, welche weder aus sauren noch aus neutralen Lösungen durch Silbernitrat oder Bariumchlorid gefällt werden.

1. Salpetersäure HNO_3.

(*Nitration:* NO_3'.)

Die Nitrate sind, mit Ausnahme sehr weniger basischer Salze[1] (Oxynitrate), in Wasser löslich.

Salpetersäure wirkt energisch oxydierend und geht dabei in niedere Oxydationsstufen des Stickstoffs (NO_2, NO) über, z. B.:

$$2HNO_3 = O + 2NO_2 + H_2O$$
$$2HNO_3 = 3O + 2NO + H_2O.$$

[1] Z. B. $BiO(NO_3)$; basische Salze lösen sich leicht in konzentrierten Säuren.

Sobald NO mit Luft in Berührung kommt, vereinigt es sich mit O zu braungefärbtem NO_2, es treten daher, wenn Salpetersäure oxydierend wirkt, *stets* rotbraune Gase auf.

Vorprüfung: a) Beim starken Erhitzen im Glühröhrchen entwickeln:

1. die Alkalinitrate *Sauerstoff*, z. B.:

$$2KNO_3 = O_2 + 2KNO_2.$$

(Der Rückstand im Glühröhrchen gibt mit konzentrierter Schwefelsäure braune Gase.)

2. Die Nitrate der Schwermetalle *braunrotes* NO_2 neben O, z. B.:

$$2Cu(NO_3)_2 = 4NO_2 + O_2 + 2CuO.$$

b) Beim Erhitzen auf Kohle: lebhafte Verbrennung unter Funkensprühen (Verpuffen).

c) Beim Erwärmen mit konzentrierter Schwefelsäure im Probierglas: saure, farblose oder wenig gefärbte Dämpfe; nach Zusatz von Kupfer usw. *braunrote* Gase.

1. *Ferrosulfat* (Eisenvitriol) und *konzentrierte Schwefelsäure.* Ein Teil des Ferrosulfats dient zunächst zur Reduktion der Salpetersäure zu Stickoxyd:

$$2HNO_3 + 6FeSO_4 + 3H_2SO_4 = 2NO + 3Fe_2(SO_4)_3 + 4H_2O,$$

welches alsdann vom Überschuß des Ferrosulfats zu einer tiefbraun gefärbten, unbeständigen Verbindung gelöst wird.

Zu der zu untersuchenden Lösung füge eine kalt gesättigte Eisenvitriollösung in hinreichender Menge (2 bis 3 ccm) und gieße nun nach Neigen des Probierglases langsam konzentrierte Schwefelsäure hinzu. Es bilden sich zwei Schichten, an deren Berührungsflächen, je nach der Menge der Salpetersäure, ein violett- bis schwarzbraun gefärbter Ring entsteht.

NB. Nitrite geben die Braunfärbung schon mit *verdünnter* Schwefelsäure.

Diese sehr empfindliche, für Nitrite und Nitrate charakteristische Farbenreaktion wird beeinträchtigt durch die Gegenwart von Ferro- und Ferricyaniden (Bildung blauer Niederschläge), Chromaten (Grünfärbung), Jodiden oder Bromiden (Ausscheidung von J oder Br) und Chloraten (Bildung von ClO_2).

2. *Reduktion zu salpetriger Säure.* Jodkaliumstärkelösung gibt nach Zusatz von Essigsäure oder verdünnter Schwefelsäure mit Nitraten keine Blaufärbung (Unterschied von salpetriger Säure). Fügt man jedoch nur ganz wenig Zinkstaub hinzu, so entsteht alsbald eine Blaufärbung (vgl. 2., S. 156).

3. *Reduktion zu Ammoniak.* Werden Nitrate mit Natronlauge und Zinkstaub erwärmt, so entsteht durch Einwirkung des naszierenden Wasserstoffs Ammoniak, das in den entweichenden Dämpfen nachzuweisen ist:

$$2Zn + 2NaOH = H_2 + 2Zn(ONa)$$
$$HNO_3 + 4H_2 = NH_3 + 3H_2O.$$

Enthält die zu untersuchende Lösung Ammoniak, so ist dasselbe zunächst mit Natronlauge wegzukochen.

4. *Nitron-Reaktion.* Nitron, eine organische Base, kommt in Essigsäure frisch gelöst zur Anwendung. Säuere die zu untersuchende Lösung mit verdünnter Schwefelsäure an und füge einige Tropfen Nitronlösung hinzu. Bei Gegenwart von Salpetersäure entsteht (noch bei 60000facher Verdünnung) ein weißer, voluminöser Niederschlag von Nitronnitrat.

Nur *größere Mengen* salpetrige Säure, Chromsäure, Jod-, Ferrocyan-, Ferricyan- und Rhodanwasserstoff, Chlorsäure jedoch schon in geringeren Mengen, geben mit Nitronlösung ähnliche Niederschläge.

5. *Oxydierende Wirkungen, welche auf der Zerstörung oder Bildung von Farbstoffen beruhen:*

Mit *Indiglösung* blau gefärbte, stark angesäuerte Lösungen der Nitrate werden beim Kochen allmählich entfärbt. (Nitrite, Hypochlorite und freies Chlor entfärben Indiglösung schon in der Kälte.)

6. *Diphenylamin-Reaktion.* Löse ein Körnchen Diphenylamin in einer Porzellanschale in reiner *konzentrierter Schwefelsäure* (ohne zu erwärmen) und lasse einen Tropfen der zu untersuchenden Lösung auf die Säure fallen. Selbst wenn nur Spuren von Nitraten vorhanden

sind, färbt sich die Schwefelsäure an den Berührungsstellen *intensiv blau.* (Bei Abwesenheit von Nitriten, Chloraten und anderen Oxydationsmitteln die empfindlichste Reaktion auf Salpetersäure.)

Über den Nachweis der Salpetersäure bei Gegenwart von Nitriten vgl. S. 157 unten.

2. Salpetrige Säure HNO_2.

($Nitrition: NO_2'$).

Nitrite sind nur in wäßrigen Lösungen zu suchen.

Silbernitrit, das am schwersten lösliche Nitrit, braucht die 300 fache Menge Wasser von Zimmertemperatur zur Lösung. Nur in konzentrierten Lösungen der Alkalinitrite entsteht mit Silbernitrat ein krystallinischer Niederschlag von $AgNO_2$. — Besonders zu beachten ist das gelbe Kaliumsalz des *komplexen* Kobaltinitritions (6. b, S. 79), das in Wasser und verdünnten Säuren unlöslich ist.

Salpetrige Säure wirkt sowohl oxydierend (1. und 2.) als auch reduzierend (3.).

Vorprüfung: Beim Erwärmen mit verdünnter Schwefelsäure im Probierglas: *braunrote* Dämpfe.

Fast alle Reaktionen der Salpetersäure treten auch mit salpetriger Säure auf.

Besondere Reaktionen sind:

1. *Schwefelwasserstoff* bewirkt in angesäuerten Lösungen der Nitrite schon in der Kälte eine Ausscheidung von Schwefel:

$$H_2S + 2KNO_2 + H_2SO_4 = S + 2NO + 2H_2O + K_2SO_4.$$

2. *Jodwasserstoff* wird von salpetriger Säure zu Jod oxydiert:

$$2HNO_2 + 2HJ = J_2 + 2NO + H_2O.$$

Fügt man zu einer angesäuerten Jodkaliumstärkelösung eine Spur eines Nitrits, so entsteht sogleich eine Blaufärbung.

Diese äußerst empfindliche Reaktion geben auch: Hypochlorite, Arseniate, Ferrisalze und andere Oxydationsmittel.

3. Lösungen von Kaliumpermanganat werden nach dem Ansäuern durch *Nitrite* entfärbt, Lösungen der Chromate grün gefärbt (Unterschied von Salpetersäure):

$$2KMnO_4 + 3H_2SO_4 + 5HNO_2 = K_2SO_4 + 2MnSO_4 + 3H_2O + 5HNO_3$$

$$K_2Cr_2O_7 + 4H_2SO_4 + 3HNO_2 = K_2SO_4 + Cr_2(SO_4)_3 + 4H_2O + 3HNO_3.$$

4. *Metaphenylendiaminsalze* und salpetrige Säure geben einen tiefbraungefärbten Azofarbstoff (Bismarckbraun). Löse ein Körnchen salzsaures Metaphenylendiamin in Wasser, säure mit Essigsäure oder verdünnter Schwefelsäure an und füge einige Tropfen der zu untersuchenden Lösung hinzu. Je nach der Menge der vorhandenen salpetrigen Säure tritt eine mehr oder weniger tiefe Braunfärbung ein. (Salpetersäure und andere Oxydationsmittel geben diese Reaktion nicht.)

Die Reaktion ist ebenso empfindlich, wie die Jodstärkereaktion (2) und eignet sich besonders zum Nachweis von Spuren salpetriger Säure in Trinkwasser. Zu diesem Zwecke ist auch die Jodstärkereaktion, jedoch nur bei eisenfreiem Wasser brauchbar.

Salpetersäure neben salpetriger Säure läßt sich mit Sicherheit nur nachweisen nach Zerstörung der salpetrigen Säure, die erfolgen kann durch:

a) *Harnstoff* $CO(NH_2)_2$:

Füge zu der zu untersuchenden mit verdünnter Schwefelsäure angesäuerten Lösung Harnstoffkrystalle, bis beim Erwärmen keine Gasentwicklung mehr stattfindet.

$$2HNO_2 + CO(NH_2)_2 = CO_2 + 2N_2 + 3H_2O.$$

b) *Diammoniumsulfat* (Hydrazinsulfat) $(N_2H_6)SO_4$:

Die zu untersuchende Lösung lasse langsam auf fein gepulvertes Hydrazinsulfat tropfen. Die Reaktion vollzieht sich unter lebhaftem Aufschäumen:

$$4HNO_2 + 3(N_2H_6)SO_4 = 5N_2 + 3H_2SO_4 + 8H_2O.$$

Nach Zerstörung der salpetrigen Säure wende zur Prüfung auf Salpetersäure die Nitronreaktion (4., S. 155) an. Bei der Eisenvitriolreaktion ist die Stärke der Reaktion zu beachten, da in beiden Fällen, insbesondere nach a) aus der salpetrigen Säure Spuren von Salpetersäure entstehen können.

3. Chlorsäure.

(*Chloration*: ClO_3'.)

Alle Chlorate sind in Wasser löslich; Chlorsäure läßt sich daher nicht in Form eines Salzes abscheiden.

Vorprüfung: a) Beim Erhitzen im Glühröhrchen entwickelt sich *Sauerstoff*, z. B.:

$$2KClO_3 = 2KCl + 3O_2.$$

Das Chlormetall ist im Rückstand nachzuweisen.

b) Beim Erhitzen auf Kohle lebhafte Verbrennung unter Funkensprühen (Verpuffen).

c) Mit konzentrierter Schwefelsäure im Probierglas entwickelt sich grüngelbes *Chlordioxyd*, welches beim Erwärmen unter Zerfall in Chlor und Sauerstoff heftig explodiert. (**Vorsicht!**) (vgl. S. 31.)

$$3KClO_3 + H_2SO_4 = 2ClO_2 + KClO_4 + K_2SO_4 + H_2O$$
$$2ClO_2 = 2O_2 + Cl_2.$$

1. *Salzsäure* macht aus Chloraten beim Erwärmen *Chlor* frei (konzentrierte Salzsäure auch ClO_2; **Vorsicht!**),

$$KClO_3 + 6HCl = 3Cl_2 + KCl + 3H_2O.$$

Spuren von Chlor können mit Indigolösung an der bleichenden Wirkung und mit Jodkaliumlösung an der Blaufärbung leicht erkannt werden:

$$Cl_2 + 2KJ = J_2 + 2KCl.$$

Größere Mengen Chlor verwandeln Jod in Jodsäure, die Braunfärbung verschwindet wieder:

$$J_2 + 5Cl_2 + 6H_2O = 2HJO_3 + 10HCl.$$

2. *Silbernitrat* gibt mit Chloraten keine Fällung, fügt man jedoch gleichzeitig schweflige Säure hinzu, so entsteht infolge der Reduktion zu Chlorid ein Niederschlag von $AgCl$:

$$AgClO_3 + 3H_2SO_3 = AgCl + 3H_2SO_4.$$

4. Unterchlorige Säure.

(*Hypochloritіon*: ClO'.)

Es sind nur die *Hypochlorite* der Alkalien und *alkalischen* Erden bekannt, die ersteren nur in wäßriger Lösung. Infolge der üblichen Darstellung durch Einleiten von Chlor in der Kälte (in der Wärme entsteht Chlorat)

$$Cl_2 + 2KHO = KClO + KCl + H_2O$$

sind den Hypochloriten in der Regel Chloride beigemischt.

Chlorkalk wird in fester Form durch Einwirkung von Chlor auf gelöschten Kalk erhalten als ein Gemisch von $Ca(ClO)_2$ und $CaCl_2$ nebst den Verunreinigungen des Kalkes.

Aus den Gemischen von Hypochloriten und Chloriden läßt sich nach Zusatz von etwas Salpetersäure durch Destillation die unterchlorige Säure, ein gelbes in Wasser lösliches Gas, gewinnen. Die wäßrige Lösung der unterchlorigen Säure zerfällt allmählich (besonders im Sonnenlicht) in Sauerstoff und Salzsäure:

$$2HClO = O_2 + 2HCl.$$

Hierauf beruht die energisch oxydierende (vielfach bleichende) Wirkung der unterchlorigen Säure und der Hypochlorite.

In der Wärme geht unterchlorige Säure leicht in Chlorsäure über:

$$3HClO = HClO_3 + 2HCl.$$

Vorprüfung: Mit verdünnter Schwefelsäure im Probierglas: gelbgrünes Chlor.

1. In gleicher Weise wirken andere Säuren, z. B. Salzsäure:

$$Ca(ClO)_2 + 4HCl = 2Cl_2 + CaCl_2.$$

Das Chlor ist leicht am Geruch (**Vorsicht!**) usw. zu erkennen.

2. Auch in *alkalischen* Lösungen wirken Hypochlorite oxydierend, z. B.:

a) aus Jodkalium wird Jod frei

$$NaClO + 2KJ + H_2O = J_2 + 2KHO + NaCl$$

(Unterschied von salpetriger Säure usw.).

b) Bleioxyd wird in braunes Peroxyd

$$NaClO + Pb(ONa)_2 + H_2O = PbO_2 + 2NaOH + NaCl,$$

c) Manganoxydul in braunes Manganoxyd verwandelt:

$$NaClO + MnCl_2 + 2NaOH = MnO(OH)_2 + 3NaCl \text{ usw.}$$

3. *Silbernitrat* gibt in Gemischen von Hypochloriden und Chloriden zunächst eine Fällung Silberchlorid. Das im Filtrat enthaltene $AgClO$ zersetzt sich beim Erwärmen unter Bildung von Chlorid und Chlorat, letzteres bleibt gelöst:

$$3AgClO = 2AgCl + AgClO_3,$$

und ist nach 2., S. 159 nachzuweisen.

Anmerk. *Chlorwasser* verhält sich der unterchlorigen Säure sehr ähnlich.

5. Essigsäure CH_3COOH.

(*Acetation*: $C_2H_3O_2'$.)

Die Acetate sind in Wasser löslich.

Silberacetat löst sich in der 100fachen Menge Wasser von Zimmertemperatur. Unlöslich sind: basisches Kupferacetat (Grünspan) und Kupferacetatarsenik (Schweinfurter Grün).

Vorprüfung: Beim Erhitzen im Glühröhrchen: brennbare Dämpfe.

Beim Erwärmen im Probierglas

a) mit konzentrierter Schwefelsäure: saure Dämpfe,

b) mit konzentrierter Schwefelsäure *und* Alkohol: *Essigäther*. (Vgl. 2., 2., S. 32.)

1. *Ferrichlorid* gibt mit *neutralen* Lösungen von Acetaten eine blutrote Färbung. Beim Kochen trübt sich die Lösung infolge Abscheidung basischer Salze (vgl. S. 75).

Beim Schütteln mit Äther färbt sich die ätherische Schicht nicht rot, Ferriacetat ist in Äther unlöslich (Unterschied von Ferrirhodanid, S. 131).

2. *Kakodylprobe.* Wird ein wasserfreies Acetat mit etwas arseniger Säure vermischt und im Glühröhrchen erhitzt, so entsteht Kakodyloxyd $[(CH_3)_2As_2]O$, ein äußerst widrig riechendes Gas.

Zunächst zerfällt das Acetat in Carbonat und Aceton,

$$2\,CH_3CO_2Na = Na_2CO_3 + CH_3COCH_3\,,$$

welches sich mit der arsenigen Säure weiter umsetzt:

$$2\,CH_3COCH_3 + As_2O_3 = [(CH_3)_2As_2]O + 2\,CO_2\,.$$

3. Wenn der Nachweis nach 1. störenden Einflüssen unterliegt, oder wenn es zweifelhaft bleibt, ob Essigsäure vorliegt, sind nach Zusatz von verdünnter Schwefelsäure von der zu untersuchenden Lösung einige Kubikzentimeter abzudestillieren. Das sauer reagierende Destillat ist nach dem Neutralisieren mit Ferrichlorid zu prüfen.

Anhang.

Die Reagenzien.

Von den Stoffen, welche als Reagenzien dienen, sind einige bei gewöhnlicher Temperatur gasförmig, wenige flüssig, die meisten fest.

Die *gasförmigen* Reagenzien gelangen in wäßriger Lösung zur Anwendung. Es ist daher z. B. unter *Salzsäure* immer eine Lösung von HCl in Wasser, unter Ammoniak immer eine Lösung von NH_3 in Wasser usw. zu verstehen.[1]

Die *festen* Reagenzien kommen nur selten ungelöst (Vorprüfung, Aufschließung), in der Regel in Wasser gelöst zur Verwendung.

Diejenigen Reagenzien, welche sich in Lösungen allmählich zerzetzen (wie Cyankalium) werden in fester Form verwahrt und unmittelbar vor dem Gebruch aufgelöst. Nur wenige Reagenzien, welche unlöslich sind (wie Bleiperoxyd), werden auch bei der Analyse auf nassem Wege in fester Form angewendet.

Einige Reagenzien verändern sich allmählich infolge der Einwirkung der Luft oder des Lichtes.

So nehmen *Ammoniak*, *Natron-* und *Kalilauge* nach und nach *Kohlensäure* aus der Luft auf, Schwefelwasser-

[1] Nur der in Wasser wenig lösliche *Schwefelwasserstoff* wird oft gasförmig angewendet, indem man ihn direkt in die zu untersuchende Lösung einleitet.

stoff wird durch den Sauerstoff der Luft unter Abscheidung von Schwefel zu Wasser oxydiert usw.

Silbernitrat, Chlorwasser, Ammoniummolybdat, Nessler's Reagens, schützt man gegen die Einwirkung des Lichtes durch Aufbewahren in Flaschen von gelbbraunem Glase.

Die Lösungen der Reagenzien sind in *bestimmten Konzentrationsverhältnissen* herzustellen.

Die Konzentration der Reagenzien.

So weit die Löslichkeitsverhätnisse es gestatten und besondere Gründe es nicht ausschließen, ist die *Konzentration* der Reagenzien den *stöchiometrischen* Verhältnissen anzupassen; es kommen: Normallösungen, Zweifach-Normallösungen und Halb-Normallösungen zur Verwendung.

Normallösungen einbasischer Säuren, einsäuriger Basen und von Salzen, welche sich von einbasischen Säuren ableiten, enthalten im Liter die durch das Molekulargewicht der Substanz ausgedrückte Anzahl Gramme; Normallösungen zweibasischer Säuren und von Salzen, welche sich von zweibasischen Säuren ableiten, enthalten im Liter die Hälfte der durch das Molekulargewicht der Substanz ausgedrückten Anzahl Gramme usw. Zweifach-Normallösungen haben die doppelte Konzentration der Normallösungen; Halb-Normallösungen die halbe.

In der Stärke von Zweifach-Normallösungen lassen sich die Säuren, die Alkalien und die allgemeinen Reagenzien: Schwefelammonium, Chlorammonium, Ammoniumcarbonat, Natriumcarbonat, Natriumacetat herstellen. Halb-Normallösungen sind durch die Löslichkeitsverhältnisse für Quecksilberchlorid und Bariumnitrat geboten und bei allgemeinem Gebrauche im Laboratorium aus Sparsamkeitsrücksichten für die Salze der Edelmetalle am Platze.

Nur wenige Reagenzien lösen sich in Wasser nicht in den Verhältnissen, welche Normallösungen entsprechen. Dieser Reagenzien bedient man sich in *gesättigten*, dabei immerhin noch sehr verdünnten Lösungen seit alters her unter der Bezeichnung *-wasser* (z. B. Kalkwasser, Gipswasser).

Eine besondere Stellung nehmen die oxydierend und reduzierend wirkenden Reagenzien ein; ihre Stärke ist so zu bemessen, daß ein Liter der Lösung ($\frac{1}{2}O$ =) 8 Gramm (bzw. den zehnten Teil) Sauerstoff abzugeben oder aufzunehmen vermag.

Die *konzentrierten* Säuren, welche bei der Analyse zur Auflösung unlöslicher Körper oder, wie die Schwefelsäure, zur Vorprüfung dienen, sind Handelsprodukte, entweder nahezu wasserfrei (konzentrierte Schwefelsäure) oder nahezu gesättigt (konzentrierte Salzsäure). Die konzentrierte Salpetersäure des Handels (spez. Gew. 1,40) genügt für die analytischen Operationen.

Reagenzien *besonderer Art*, wie Indiglösung, Nessler's Reagens usw. lassen sich nicht nach den vorstehenden Gesichtspunkten einreihen.

Zusammenstellung der Reagenzien.

1. Reagenzien in natürlicher Form.

a) Feste Körper.

Arsenige Säure .	As_2O_3	Kaliumantimoniat	$K_2H_2Sb_2O_7$
Bleisuperoxyd . .	PbO_2	Kaliumchlorat . .	$KClO_3$
Braunstein . . .	MnO_2	Kaliumbichromat	$K_2Cr_2O_7$
Cyankalium . . .	KCN	Kaliumbisulfat . .	$KHSO_4$
Eisen . . . . (in Draht- u. Pulverform)	Fe	Kaliumnitrat (Salpeter)	KNO_3
Eisenvitriol . .	$FeSO_4, 7aq$	Kalk (gelöscht)	$Ca(OH)_2$
Ferricyankalium	$K_3[Fe(CN)_6]$	Kupferspäne . . .	Cu
Fluorammonium .	NH_4Fl	Natriumcarbonat (Soda) a) krystallisiert	$Na_2CO_3, 10aq$
Jodkalium	KJ	b) entwässert . .	Na_2CO_3

Phosphorsalz $Na(NH_4)HPO_4, 4aq$	Zink . . . . . . Zn
Schwefel . . . . . S	a) granuliert
Stärke	b) in Stangen
Traubenzucker	Zinkstaub
Weinsäure . . $H_2C_4H_4O_6$	Zinn . . . . . . Sn (granuliert)

b) Flüssige Körper.

Chloroform	Äthylalkohol
Äther	Amylalkohol
Methylalkohol	Schwefelkohlenstoff

2. Reagenzien in Lösungen.

Es sind zu unterscheiden:

1. Konzentrierte Säuren,
2. Normallösungen,
3. Oxydierend und reduzierend wirkende Reagenzien,
4. Gesättigte Lösungen.

1. Konzentrierte Säuren.

	Gew.-Proz.	spez. Gew.	Siedepunkt	1 L enthält
Konz. Salzsäure . .	31,5	1,16	[1]	366 g = ca. 10 fach normal!
Konz. Salpetersäure	65,3	1,40	120°	914 g = ca. 15 fach normal!
Konz. Schwefelsäure[2]	96,0	1,84	300°	1760 g = ca. 36 fach normal!

[1] Beim Erwärmen entweicht HCl, bis bei 20,2 Proz. der Siedepunkt 120° erreicht wird.

[2] Da konz. Schwefelsäure sehr hygroskopisch ist, mithin Wasser aus der Luft anzieht, verringert sich allmählich der Gehalt an H_2SO_4

2. Normallösungen.[1]

a) $^2/_1$ *normal.*

(1 L enthält 2 Mol. Äquival. der Verbindung in g.)

Säuren.

		1 L soll enthalten:
Salzsäure	HCl	73 g = $2\,HCl$
Salpetersäure	HNO_3	126 g = $2\,HNO_3$
Schwefelsäure	H_2SO_4	98 g = H_2SO_4
Oxalsäure	$H_2C_2O_4$	126 g = $H_2C_2O_4, 2\,aq.$
Essigsäure	$HC_2H_3O_2$	120 g = $2\,HC_2H_3O_2$

Basen.

Kalilauge	KOH	112 g = $2\,KOH$
Natronlauge	$NaOH$	80 g = $2\,NaOH$
Ammonium	NH_4OH	34 g = $2\,NH_3$

Salze.

Kaliumcarbonat	K_2CO_3	174 g = K_2CO_3, $2\,aq.$
Natriumcarbonat	Na_2CO_3	106 g = Na_2CO_3
Natriumacetat	$NaC_2H_3O_2$	272 g = $2\,NaC_2H_3O_2, 3\,aq.$
Ammoniumcarbonat[2]	$(NH_4)_2CO_3$	96 g = $(NH_4)_2CO_3$
Chlorammonium	NH_4Cl	107 g = $2\,NH_4Cl$
Schwefelammonium[3]	$(NH_4)_2S$	68 g = $(NH_4)_2S$

[1] Für die Zwecke der qualitativen Analyse genügt es, die Normallösungen *annähernd* in der vorgeschriebenen Stärke herzustellen.

[2] 70 g käufliches Ammoniumcarbonat sind in 1 L $^1/_1$ Normalammoniak zu lösen.

[3] $^1/_2$ L Ammoniak (spez. Gew. 0,985) ist mit Schwefelwasserstoff durch Einleiten des Gases zu sättigen und hierauf mit $^1/_2$ L Ammoniak von gleicher Konzentration zu vermischen. Die Lösung wird sehr bald gelb. (Vgl. S. 170.)

b) 1/1 *normal.*

(1 L enthält 1 Mol. Äquival. des Salzes in g.)

		In 1 L sind zu lösen:
Bariumchlorid . .	$BaCl_2$	. . . 122 g $BaCl_2, aq.$
Bleicaetat .	$Pb(C_2H_3O_2)_2$	. . . 190 g $Pb(C_2H_3O_2), 3aq.$
Calciumchlorid . .	$CaCl_2$	. . . 110 g $CaCl_2, 6aq.$
Eisenchlorid . .	$FeCl_3$	. . . 54 g $FeCl_3$.
Kaliumchromat . .	K_2CrO_4	. . . 97 g K_2CrO_4.
Kaliumferrocyanid	$K_4[Fe(CN)_6]$	. . . 105 g $K_4[Fe(CN)_6], 3\,aq.$
Kaliumrhodanid .	$KSCN$	. . . 97 g $KSCN$.
Kupfersulfat . . .	$CuSO_4$	. . . 125 g $CuSO_4, 5\,aq.$
Magnesiumsulfat .	$MgSO_4$	. . . 123 g $MgSO_4, 7\,aq.$
Natriumphosphat	Na_2HPO_4	. . . 120 g $Na_2HPO_4, 12\,aq.$
Natriumthiosulfat	$Na_2S_2O_3$	. . . 124 g $Na_2S_2O_3, 5\,aq.$
Strontiumnitrat	$Sr(NO_3)_2$	. . . 75 g $Sr(NO_3)_2$

c) 1/2 *normal.*

(1 L enthält 1/2 Mol. Äquival. des Salzes in g.)

		In 1 L sind zu lösen:
Bariumnitrat . .	$Ba(NO_3)_2$	. . . . . 65 g $Ba(NO_3)_2$
Mercurichlorid . .	$HgCl_2$	. . . . . 68 g $HgCl_2$
Mercuronitrat . .	$HgNO_3$	. . . . . 131 g[1] $HgNO_3$
Silbernitrat . . .	$AgNO_3$	. . . . . 85 g[2] $AgNO_3$

3. Oxydierend und reduzierend wirkende Reagenzien.

$$\left(1\ \text{L} = \pm \frac{O}{2} = 8\ \text{g Sauerstoff.}\right)$$

		In 1 L sind zu lösen:
Kaliumbichromat	$K_2Cr_2O_7$	. . 49 g = $^1/_6[K_2Cr_2O_7]$
Kaliumpermanganat	$KMnO_4$	. . 32 g = $^1/_5[KMnO_4]$

[1] Eine haltbare Lösung läßt sich am einfachsten darstellen, indem man auf 100 g Quecksilber 1 L Salpetersäure vom spez. Gew. 1,100 (16,8 % HNO_3) bei gewöhnlicher Temperatur einwirken läßt, bis sich alles gelöst hat.

[2] ca. 50 g *Ag* entsprechend.

Natriumhypochlorit	$NaOCl$	. . 37 g[1]	$= \frac{1}{2}[NaOCl]$
Wasserstoffperoxyd	H_2O_2	. . 17 g[2]	$= \frac{1}{2}[H_2O_2]$
Kaliumnitrit . . .	KNO_2	. . 43 g	$= \frac{1}{2}[KNO_2]$
Stannochlorid[3] . .	$SnCl_2$	. . 113	$= \frac{1}{2}[SnC_2, 2\,aq.]$

$$\left(1 \text{ L} = \pm \frac{O}{20} = 0.8 \text{ g Sauerstoff.}\right)$$

Jodlösung[4]	J	. . 12,7	$= \frac{1}{10} J$
Kaliumjodid	KJ	. . 16,6	$= \frac{1}{10} KJ$

4. Gesättigte Lösungen.

(-wasser.)[5]

		Gew.-Proz.			
Schwefelwasserstoffwasser	ca.	0.40	H_2S,	ca.	$\frac{1}{4}$ norm.
Barytwasser	„	3.2	$Ba(OH)_2$,	„	$\frac{2}{5}$ „
Kalkwasser	„	0.17	$Ca(OH)_2$,	„	$\frac{1}{22}$ „
Gipswasser	„	0.20	$CaSO_4$,	„	$\frac{1}{33}$ „
Strontiumsulfat . .	„	0.01	$SrSO_4$,		
Chlorwasser	„	2.75	Cl,	„	$\frac{4}{5}$ „
Bromwasser . . .	„	3.23	Br,	„	$\frac{2}{5}$ „

Anmerkung. Die im Vorstehenden angegebenen Konzentrationsverhältnisse der verschiedenen Reagenzien lassen sich leicht dem Gedächtnis einprägen. Abgesehen von den konzentrierten Säuren und den mit „-wasser" bezeichneten Reagenzien, deren Konzentration besonders zu beachten ist, sind außer den reduzierend und oxydierend wirkenden Reagenzien, deren Wert $\pm 8\,O$ (bzw. $\pm 0.8\,O$) entspricht.

zweifach-normal: die Lösungen der *Säuren*, der *Alkalien*, der *Ammonium-* und *Natriumsalze* (mit Ausnahme des Binatriumphosphat), sowie *Kaliumcarbonat*;

---

[1] Entspricht etwa der vierfachen Menge eines Chlorkalks, der 25 Proz. wirksames Chlor enthält.

[2] Entspricht einer 1,7 prozentigen Wasserstoffperoxydlösung.

[3] Lösungen von Stannochlorid trüben sich mit der Zeit (S. 103), es empfiehlt sich daher, das Reagens zum jedesmaligen Gebrauche durch Auflösen von wenig Zinn in konz. Salzsäure darzustellen.

[4] 12,7 g Jod sind in 1 L Alkohol zu lösen.

[5] Königswasser und Stärkekleisterwasser vgl. S. 170 u. 171.

halb-normal: die Lösungen der *Edelmetallsalze* (inkl. Quecksilbersalze) und Bariumnitrat;
normal: die *übrigen Reagenzien.*

5. Reagenzien besonderer Art.

1. **p-Amidodimethylanilinsulfat,** zum Nachweis von Schwefelwasserstoff.
2. **Ammoniumcarbonat konz.** Gesättigte wäßrige Lösung (1:5) von käuflichem Ammoniumcarbonat.

   Das käufliche Ammoniumcarbonat pflegt aus saurem Salz NH_4HCO_3 u. carbaminsaurem Ammonium $NH_4NH_2CO_2$ zu bestehen.

   Beim Erwärmen der wäßrigen Lösung entsteht zunächst das normale Salz:

   $$2NH_4HCO_3 = (NH_4)_2CO_3 + H_2O + CO_2$$
   $$NH_4NH_2CO_2 + H_2O = (NH_4)_2CO_3,$$

   das beim Kochen weiter in Ammoniak, Kohlensäure und Wasser zerfällt:

   $$(NH_4)_2CO_3 = 2NH_3 + CO_2 + H_2O.$$

   Beim Gebrauch von Ammoniumcarbonat ist daher längeres Erhitzen zu vermeiden. —

   Durch Zusatz von Ammoniak zur Lösung des käuflichen Salzes entsteht normales Ammoniumcarbonat. (Vgl. die Fußnote 2, S. 166.)
3. **Ammoniummolybdat.** Die Lösung von 150 g Ammoniummolybdat in 1 L Wasser ist in 1 L Salpetersäure vom spez. Gew. 1.2 (33 % HNO_3) zu gießen. Die Lösung enthält etwa 6 % Molybdänsäure.
4. **α-Dimethylglyoxim** (T s c h u g a e f f 'sches Reagens). Zum Nachweis von Spuren von Nickel (S. 80).
5. **Diphenylamin,** organische Base, Reagens auf Salpetersäure. (S. 155.)
6. **Ferrosulfat** (Eisenvitriol) kalt gesättigt (vgl. S. 74) zum Nachweis von Salpetersäure nach 1, S. 154.
7. **Flußsäure.** Gesättigte Lösung von Fluorwasserstoff in Wasser (mit 32 bis 36 % HFl); wird in Flaschen aus Paraffin (Schmelzp. 50°—60°) aufbewahrt.
8. **Harnstoff** (Carbamid) $CO(NH_2)_2$, zum Nachweis von Salpetersäure neben salpetriger Säure (S. 157).
9. **Hydrazinsulfat** (Diammoniumsulfat) $(N_2H_4)_2H_2SO_4$. Zum Nachweis von Salpetersäure neben salpetriger Säure (S. 157).
10. **Indiglösung.** 1 g Indigcarmin (Natriumsalz der Indigodisulfosäure ist in 1 L Wasser zu lösen.

11. **Kobaltlösung,** Lösung von 12 g Kobaltnitrat in 1 L Wasser ($^1/_{10}$ normal).
12. **Königswasser.** Eine stets frisch zu bereitende Mischung von 1 Vol. konz. Salpetersäure und 3 Vol. konz. Salzsäure.
13. **Nessler's Reagens.** In 800 ccm heißes Wasser löse 13 g Quecksilberchlorid und 35 g Jodkalium. Sobald sich der anfangs entstehende Niederschlag wieder gelöst hat, tröpfele in die Lösung Halbnormal-Quecksilber-Chloridlösung, bis ein bleibender Niederschlag entsteht und füge hierauf 160 g Kalihydroxyd hinzu. Nach dem Verdünnen mit Wasser zu 1 L und längerem Stehenlassen gieße die klare Lösung vom Bodensatz ab.
14. **Nitron,** organische Base, zum Nachweis von geringen Mengen Salpetersäure (S. 155).
15. **Nitroprussidnatrium,** $Na_2[Fe(CN)_5(NO)], 2aq$. Empfindliches Reagens auf Sulfide der Alkalien (S. 133).
16. **m-Phenylendiamin,** salzsaures, empfindliches Reagens auf salpetrige Säure (S. 157).
17. **Platinchlorwasserstoffsäure** $H_2[PtCl_6]$, zum Nachweis von Kalium und Ammonium, wird erhalten durch Auflösen von Platin in Königswasser, Eindampfen der Lösung auf dem Wasserbade bis zur dickflüssigen Konsistenz und Lösen des Rückstandes in Wasser.
18. **Schwefelammonium (gelbes).** Es sind fünf Verbindungen des Schwefels mit dem Ammonium bekannt, nämlich:

$(NH_4)_2S$ *Einfach-Schwefelammonium;* die Lösung ist *farblos.*

$(NH_4)_2S_2$ }
. . . . . . } *Mehrfach-Schwefelammonium;* die Lösungen sind *gelb* gefärbt.
. . . . . . }
$(NH_4)_2S_5$ }

Die verschiedenen Verbindungsstufen des Mehrfach-Schwefelammoniums verhalten sich in ihrer Wirkung einander *gleich* und zwar (wenn $x<5$) wie:

$$(NH_4)_2S + xS.$$

Einfach-Schwefelammonium entwickelt mit Säuren *nur* H_2S, aus den Lösungen des Mehrfach-Schwefelammonium wird gleichzeitig S abgeschieden:

$$(NH_4)_2S + 2HCl = 2NH_4Cl + H_2S$$
$$(NH_4)_2S_x + 2HCl = 2NH_4Cl + H_2S + (x-1)S.$$

Die farblose Lösung des Einfach Schwefelammoniums wird in Folge der oxydierenden Einwirkung der Luft und gleichzeitigem Entweichen von Ammoniak gelb:

$$2(NH_4)_2S + O = (NH_4)_2S_2 + 2NH_3 + H_2O \quad \text{usw.}$$

Allmählich findet eine weitere Oxydation zu Ammoniumhyposulfit statt:

$$(NH_4)_2S_2 + 3\,O = (NH_4)_2S_2O_3$$

. . . .

$$(NH_4)_2S_5 + 3\,O = (NH_4)_2S_2O_3 + 3\,S.$$

Das Endresultat der Einwirkung der Luft, eine Lösung von Ammoniumhyposulfit, in welcher Schwefel liegt, wird daran kenntlich, daß sich die gelbe Farbe der Lösung wieder verliert; das Produkt ist als Reagens unbrauchbar.

19. **Silbernitrat, konz.** 2 T. $AgNO_3$ in 1 T. Wasser gelöst. Zum Nachweis von Arsen (S. 111).

20. **Stärkekleisterwasser** ist zum jedesmaligen Gebrauch frisch zu bereiten, am einfachsten in folgender Art. Fülle ein Probiergläschen etwa zur Hälfte mit destilliertem Wasser und erhitze zum Kochen. Hierauf verrühre auf der Innenseite der linken Hand ein Körnchen Stärke mit wenig kaltem Wasser, spritze die Mischung von der Hand mit der Spritzflasche in das Probiergläschen und koche auf. Es genügt wenn das Stärkekleisterwasser 0,001 Stärke enthält. Dient zum Nachweis von Jod, oder nach Zusatz von Jodkalium als „Jodkaliumstärkelösung" zum Nachweis der salpetrigen Säure usw. — An Stelle von Stärkekleister kann auch „lösliche Stärke" verwendet werden.

Die Wahl der Konzentration der Reagenzien nach stöchiometrischen Verhältnissen hat zur Folge, daß *gleiche Raumteile* der verschiedenen Normallösungen *einander entsprechen* oder in *einfachem Verhältnis* zueinander stehen, daß z. B. ein Raumteil der verdünnten Säuren durch einen Raumteil der Alkalien gesättigt, ein Raumteil der (Normal-) Chlorbariumlösung durch einen halben Raumteil der (Zweifach-Normal-) Ammoniumcarbonatlösung gerade ausgefällt wird usw.

Die Kenntnis der Konzentration der Reagenzien ermöglicht ein ungefähres Urteil über die Mengenverhältnisse zu gewinnen, in denen die einzelnen Bestandteile in der zu untersuchenden Lösung vorhanden sind.

Atomgewichte der wichtigsten Elemente

(abgerundet).

Aluminium *Al* . .	27,1	Kupfer *Cu* . . .	63,6
Antimon *Sb* .	120,2	Magnesium *Mg* . .	24,3
Arsen *As* . . .	75,0	Mangan *Mn* . . .	54,9
Barium *Ba* . .	137,4	Natrium *Na* . .	23,0
Blei *Pb*	207,1	Nickel *Ni*	58,7
Bor *B*	11,0	Phosphor *P* . . .	31,0
Brom *Br* . . .	79,9	Quecksilber *Hg* . .	200,6
Cadmium *Cd* . .	112,4	Schwefel *S* . . .	32,1
Calcium *Ca* . . .	40,1	Sauerstoff *O* . . .	16,0
Chlor *Cl*	35,5	Silber *Ag*	107,9
Chrom *Cr*	52,0	Silicium *Si* . . .	28,3
Eisen *Fe*	55,8	Stickstoff *N* . . .	14,0
Fluor *F* . .	19,0	Strontium *Sr* .	87,6
Jod *J*	126,9	Wasserstoff *H* .	1,0
Kalium *K* . . .	39,1	Wismut *Bi* . . .	208,0
Kobalt *Co* . . .	59,0	Zink *Zn* . . .	65,4
Kohlenstoff *C* . .	12,0	Zinn *Sn*	119,0

Sachregister.

Die fetten Ziffern weisen auf die Hauptabschnitte hin, was sich von selbst ergibt.

I. Vorprüfung fester Körper.

1. Flammenreaktionen.

A. Bringe etwas von der zu untersuchenden Substanz am Platindraht in den unteren Teil der nichtleuchtenden Flamme,
a) *für sich*,
b) nach dem Befeuchten mit *Salzsäure*,
c) nach dem Befeuchten mit *konz. Schwefelsäure*.
Es färben die Flamme

nach a) und b)					nach c)
gelb	*violett*	*grün*	*rot*	fahl	*grün*
Natrium	**Kalium**	**Barium**	**Calcium**	**Arsen**	**Borsäure**
		Kupfer	**Strontium**	**Antimon**	**Phosphorsäure**
		(grün od. blau)	(carminrot)	**Blei**	(fahl)

B. Eine *Phosphorsalzperle* (vergl. S. 21) bringe mit der zu prüfenden Substanz in Berührung und erhitze in der

		a) *Reduktionsflamme*	b) *Oxydationsflamme*
Die Perle färbt sich	*blau*	**Kobalt**	**Kobalt, Kupfer**
	grün	**Chrom**	**Chrom**
	rotbraun	**Kupfer** (undurchsichtig)	**Eisen** (heiß), **Nickel** (heiß)
	violett	—	**Mangan**
	Kieselskelett	**Kieselsäure**	**Kieselsäure**

Bleibt die Perle farblos, so berühre mit der heißen P. einen Salpeterkrystall; bei Gegenwart von Spuren einer Manganverbindung entsteht eine schaumige, rotgefärbte Masse.
Permanganate detonieren beim Erw. mit konz. Schwefelsäure nach 3. (**Vorsicht!**)

2. Erhitzen im Glühröhrchen.

A. *Die Substanz ist* ***nicht flüchtig.***

Erhitze die Substanz auf Kohle vor dem Lötrohr:

a) *für sich*,

es *verpuffen* **Nitrate, Nitrite, Chlorate.** (**Vorsicht** b. Erw. m. Schwefels. nach 3.)
es *schmelzen ohne* Farbenänderung: die meisten Salze der **Alkalien** u. einige der **alkal. Erden.** *Borate, Alaun* blähen sich auf; *Kochsalz* dekrepitiert.
es sind *unschmelzbar* (oder schwer schmelzbar) *ohne* Änderung der Farbe: **Aluminium-, Magnesiumoxyd** und ihre Salze, die **alkal. Erden** und viele ihrer Salze, **Kieselsäure** und die meisten Silicate.
es *färben sich dunkler*: die Verb. der **Schwermetalle**: Zink-, Zinn-, Antimonverbindungen (vorübergehend) *gelb*; die übrigen dunkler, *braun* bis *schwarz*. Viele *organische* Körper *verkohlen*.

b) *mit Kobaltlösung* (vergl. S. 24).

Blaues Glas: **Phosphate, Borate, Silicate der Alkalien.**
Blaue bis violette unschmelzb. Masse: **Thonerde, Kiesels., phosphors. Erden.**
Grüne Masse: **Zink-, Zinn-, Antimonoxyd.** *Fleischrote Masse*: **Magnesia.**
Graue Masse: **alkalische Erden.**

c) *mit Soda*,

Knoblauchgeruch: **Arsenverbindungen.**
Hepar: **Alle Schwefelverbindungen** ohne Ausnahme. Die befeuchtete Masse erzeugt auf einer blanken Silbermünze einen *schwarzen* Fleck.

Metall:
1) **ohne Beschlag**, a) glänzende duktile Flitter: **Silber, Zinn** *(weiß)*; **Kupfer** *(rot)*.
b) graues Pulver *(magnetisch)*: **Eisen, Kobalt, Nickel.**
2) **mit Beschlag**, a) spröde: **Antimon** (Beschl. *weiß*), **Wismut** (Beschl. *braun*).
b) dehnbar: **Blei** (Beschl. *gelblich*).

Beschlag ohne Metall: **Zink** *(weiß)*, **Cadmium** *(braun)*, **Arsen** *(weiß*, sehr flüchtig).

B. *Die*
(oder es findet Zersetzung u
1. Im Röhrchen *setzt sich ein*
a) *weiß*: **Prüfe**: 1) mit *Kalk*
2) durch Er
auf **Queck**
b) *gelb*: (Schwefel.) Viele **S**
c) *metallglänzend*: **Quecksi**
2. Es entwickeln sich *Gase od*
a) die Gase und Dämpfe si
α) mit *blauer* Flamme: **Kohlen**
β) mit *rötlicher* Flamme: **Cyan**
γ) mit *leuchtender* Flamme: Zer
sich meist schwarz unter
b) Die Gase sind *nicht bren*
oxyd, Manganperoxyd
nate, besonders der **Sc**
verbindungen, *Silicium*
3. **Brom, Jod, Schwefel** u.
Eigenschaften leicht erkenn
4. **Wasser** gibt sich, wenn
oder stärkeren Beschlag zu
so bilden sich an den noch ka

3. Erwärmen mit S

Übergieße eine kleine Pr
konzentrierter Schwefelsäure; w
doch nicht bis zum Siedepunkt

A. *Die freiwerdenden*

violett: **Jod.** Bei Gegenwart v
AgJ gibt erst nach dem Erhitz
grüngelb: **Chlor.** Bei Gegenwa
grüngelbes *Chlordioxyd*, w
rotbraun: a) **Brom.** Bei Gegen
Dämpfe färben
b) **Salpetrige Säure.**
im letzteren F
von Chloriden
c) **Chlorchromsäure.**
und **Bichrom**

B. *Die freiwerdenden*

Halte den aus dem Probi
nitratlösung benetzten Glassta
a) **Es entsteht am Glasstab ein**
weiß, käsig: **Chlorsilber.** Bei G
säure) raucht an der Luf
Die Chlorverbindungen des *Sil*
Über das Verhalten von Br
schwarz: **Schwefelsilber.** Bei G
farblos, gallertartig: **Kieselsäure**
fluoriden; der Niedersch
feuchteten Glasstab.

flüchtig
ung flüchtiger Produkte statt)

da und Kohle im Glühröhrchen
en.
yposulfite.
.

, ihre Salze).

organischer Körper; dieselben färben
Kohle und teerigen Beschlag.
ate, **Permanganate**, **Bleiper-**
keln *Sauerstoff;* viele **Carbo-**
, *Kohlendioxyd;* **Kieselfluor-**

nd an ihren charakteristischen

ur feucht ist, durch geringeren
thält der Körper *Krystallwasser*,
s Glühröhrchens Wassertropfen.

ure im Probierglase.
tanz mit der 3—4fachen Menge
entwicklung eintritt, erwärme, je-
äure (330°). **Vorsicht!** (Vgl. S. 31).

Dämpfe sind ***gefärbt:***

en mit konz. Schwefels. violette Dämpfe.
hloriten; **Chlorate** entwickeln
detoniert. (**Vorsicht!**)
romiden und **Bromaten**; die
s Stärkemehl gelb.
rt von **Nitriten** und **Nitraten**;
s bei *gleichzeitiger* Anwesenheit
nd wirkenden Körpern.
ger Anwesenheit von **Chloriden**

Dämpfe sind ***farblos:***
ichenden Gasen einen mit *Silber-*

Chlormetallen; das Gas (Salz-
mit Ammoniak Salmiaknebel.
rs werden durch Schwefels. nicht zersetzt.
tallen siehe S. 30.
Sulfiden.
vart von **Fluoriden** und **Kiesel-**
auch an einem mit *Wasser* be-

b) **Am Glasstab entsteht kein Niederschlag.** Die Gase oder Dämpfe können bestehen aus:

Schwefeldioxyd. Erkennbar am Geruch, trübt Barytwasser; wird auch durch Salzsäure in Freiheit gesetzt: **Sulfite** und **Hyposulfite** oder aus der zum Erhitzen verwendeten konz. Schwefelsäure.

Essigsäure. Mit *Alkohol* und *konz. Schwefelsäure* erwärmt entsteht *Essigäther* von fruchtartigem Geruch. **Acetate.**

Kohlendioxyd, geruchlos, trübt Barytwasser. Der ursprüngliche Körper braust mit Salzsäure auf: **Karbonate**, oder nicht: **Oxalate.**

Salpetersäure. Mit *Eisenvitriol* und *konz. Schwefelsäure* erwärmt, entweichen *rotbraune* Dämpfe. **Nitrate.**

Sauerstoff, ein glimmender Span entzündet sich: **Peroxyde, Chromate, Permanganate.**

Kohlenoxyd, brennt mit blauer Flamme: **Oxalate. Cyanide, Ferrocyanide.**

Schwärzung unter Abscheidung von Kohle und Entwicklung brenzlichter Dämpfe, daneben Schwefeldioxyd: *Weinsäure* und andere organische Körper.

C. *Entwickelt sich* **kein** *Gas oder Dampf,*

so kann in der vorliegenden Substanz vorhanden sein:

Schwefelsäure. Die ursprüngliche Substanz gibt die *Heparreaktion.* (2. A. c.)
Phosphorsäure. Fahle Flamme n. d. Befeuchten mit konz. Schwefels. (1. A. c.)
Borsäure. Grüne Flamme nach dem Befeuchten mit konz Schwefels. (1. A. c)
Arsensäure. Knoblauchgeruch beim Glühen auf Kohle. (2. A. c.)
Kieselsäure. Kieselskelett in der Phosphorsalzperle. (1. B.)

II. Auflösung und Aufschließung fester Körper.

Nach beendeter Vorprüfung ist der Körper in Lösung zu bringen. Versuche zunächst in *Wasser*, dann in verd. u. konz. *Salzsäure* und in *Salpetersäure* zu lösen. Liegt ein Gemisch vor, so löst sich oft ein Teil in Wasser, ein anderer in Salzsäure usw. Die einzelnen Lösungen sind *getrennt* weiter zu untersuchen. **Schwefelmetalle** werden von Salpetersäure unter *Abscheidung von Schwefel* (brennbar) in die entsprechenden Nitrate verwandelt. **Metalle** und **Legierungen** sind mit Salpetersäure zu behandeln. Bei Gegenwart von **Zinn** und **Antimon** bleibt ein *weißer* Rückstand, der sich nach dem Abfiltrieren u. Auswaschen in *Schwefelammonium* löst. — Widersteht der Körper den genannten Lösungsmitteln, **so ist zunächst ein Sodaauszug** (S. 118) zu machen. Derselbe dient zur Aufsuchung der *Anionen*, deren Kenntnis die Wahl einer passenden Aufschließungsart erleichtert.

Die weitere Behandlung der in Säuren unlöslichen Substanz hängt **von dem Ergebnis der Vorprüfung ab.** Wurde gefunden:

Gefunden	so ist:
1. *Hepar ohne Metallkörner* (**Sulfate der alkalischen Erden**) 2. *Kieselskelett in der Phosphorsalzperle* (**Silicate**)	mit Soda aufzuschließen. (Vergl. S. 39 u. 40.)
3. *Kieselsäure* am befeuchteten Glastab beim Behandeln mit konz. Schwefelsäure (**Fluoride, Kieselfluoride**)	mit konz. Schwefelsäure zu zersetzen oder mit Soda aufzuschließen. (Vergl. S. 41.)
4. *Metall* u. *Chlor, Jod, Brom* oder *Hepar* (**Haloidverbindung des Silbers u. Bleis, Bleisulfat**)	wenn Silber vorliegt, mit Zink und verd. Schwefels. zu reduzieren, die Verb. des Bleis durch Kochen mit Sodalösung in Bleicarbonat überzuführen. (Vergl. S. 41.)

5. **Oxyde** u. **Cyanide** sind nach S. 42 aufzuschließen.

Bei dem Versetzen der Lösung mit **Salzsäure** werden gefällt:[1]

AgCl, weiß, käsig, löslich in Ammoniak, durch Salpetersäure wieder fällbar.

Silber wird aus allen Lösungen durch Salzsäure *vollständig* gefällt; es läßt sich daher *von den übrigen Metallen* durch Salzsäure *trennen.*

Hg_2Cl_2 weiß, pulverig; wird durch Ammoniak schwarz.

(*Merkurisalze* werden durch Salzsäure *nicht* gefällt.)

$PbCl_2$, weiß, *nicht* aus *verdünnten* Lösungen; in Ammoniak unlöslich.

(In das Filtrat geht *stets* eine geringe Menge Chlorblei über.)

[1] Reagiert die Lösung *alkalisch*, so kann der beim Ansäuern entstehende Niederschlag auch enthalten: *Kiesel-*, *Bor-* und *Antimonsäure*; *Schwefel*; *Schwefel-* u. *Cyanmetalle*; *Weinstein* usw.

Treten beim Ansäuern Gase auf, so vergl. I Tab. III.

Füge zu der mit *Salzsäure* angesäuerten Lösung

Schwefelwasserstoff.

(Niederschlag I)

As_2S_3 gelb, Sb_2S_3, Sb_2S_5 orange, SnS braun, SnS_2 gelb — **löslich** *in Schwefelammonium.*

HgS, PbS, CuS schwarz[2], Bi_2S_3 braun, CdS gelb — **unlöslich** *in Schwefelammonium.*

Vergl. [3] unten!

Behandle den ausgewaschenen Niederschlag nach dem Abklatschen (S. 47) mit *gelbem Schwefelammonium* und filtriere, wenn ein Rückstand bleibt.

Das Filtrat

(kann enthalten: AsS_4''', SbS_4''', SnS_3'')

säure mit *Salzsäure* an. Entsteht ein *flockiger* gelber Niederschl., so ist derselbe mit einer konz. Lösung von Ammoniumcarbonat zu behandeln.

Das Filtrat

gibt bei Anwesenheit von *Arsen* mit Salzs. einen flockigen Niederschlag von

As_2S_5.

Nach dem Abklatschen streue ein *wenig* Kaliumchlorat auf den Rückstand, füge einige Tropfen konz. Salzsäure hinzu und verjage das Chlor durch Erwärmen; mit wenig Wasser verdünnt gibt die Lösung mit *Magnesiamischung* einen weißen *krystallinischen* Niederschlag von

$MgNH_4AsO_4$.

Der Rückstand,

welcher *Antimon-* und *Zinnsulfid* enthalten kann,

ist mit *wenig* Kaliumchlorat und konz. Salzsäure zu lösen. Nach dem Verjagen des Chlors prüfe die Lösung:

1. auf **Antimon**. Bringe (kalt) einen Tropfen auf Platinblech u. lege in denselben ein *Zinkkorn.* Bei Gegenwart von **Sb** entsteht auf dem Platinblech ein schwarzer festanhaftender Fleck.
2. auf **Zinn.** Bringe einen *Zinkstab* (oder ein Stück Eisendraht S. 104, 4) in die Lösung. Das graue von dem Zinkstab leicht abreibbare schwammige **Sn** löse für sich in konz. Salzsäure; in der Lösung bringt *Quecksilberchlorid* einen *weißen* oder *grauen* Niederschlag hervor. (Vergl. S. 104, 5).

Den Rückstand

erwärme nach dem Auswaschen mit (wenig) konz. *Salpetersäure.*

Die Lösung

kann enthalten: $Pb^{\cdot\cdot}$, $Bi^{\cdot\cdot\cdot}$, $Cu^{\cdot\cdot}$, $Cd^{\cdot\cdot}$,

füge etwas verd. Schwefelsäure hinzu.

1. *Niederschlag* **$PbSO_4$**, weiß, spurweise löslich.
   Das Filtrat übersättige mit Ammoniak.
2. *Niederschlag* kann bestehen:
   a) aus **BiOOH**, weiß; die Auflösung in wenig Salzs. trübt sich mit Wasser;
   b) bei geringer Trübung aus gelöst geblieb. **$PbSO_4$**.
3. Das *Filtrat* prüfe auf: Kupfer *und* Cadmium.
   a) Bei Gegenwart von *Kupfer* ist das Filtrat *blau* gefärbt u. gibt nach dem Ansäuern, mit Ferrocyankalium, einen rotbraunen Niederschlag von **$Cu_2[Fe(CN)_6]$**.
   b) Bei Gegenwart von *Cadmium* fällt Schwefelwasserstoff aus der *farblosen* Lösung gelbes **CdS.**[4]

Der Rückstand

kann bestehen aus:

1. **S**, gelb oder von eingeschlossenem Schwefelmetall grau oder anders gefärbt; flüchtig u. brennbar.
2. **$PbSO_4$** weiß, pulverig; löslich i. Ammoniumtartrat; durch Kaliumchromat wieder fällb. (Vergl. S 94, 3.)
3. **HgS**, schwarz, flockig,
   Die auf wenige Tropfen eingedampfte Lösung in Königswasser gibt m. Zinnchlorür einen weißen oder grauen Niederschlag.

[2] *Merkurisalze:* Zunächst weiß, dann schwarz.

[3] Eine Abscheidung von **Schwefel** (milchig, läßt sich erst nach längerem Kochen klar abfiltrieren) bewirken: *Eisenoxyd*, die gelbe Lösung wird farblos und enthält *Eisenoxydul*; *Chromsäure*, die gelbrote Lösung wird grün und enthält *Chromoxyd*, *Permangansäure*, die rote Lösung wird farblos und enthält *Manganoxydul*; ist die ursprüngliche Lösung gefärbt, so ist darauf zu achten, daß die Lösung hinreichend sauer bleibt. Außerdem scheidet sich S. aus bei Gegenwart von: freiem Chlor, Brom, Jod, schwefliger S., salpetriger S., unterchloriger S., *großen Mengen* von *Salpetersäure* und anderen oxydierend wirkenden Körpern.

[4] Bei Anwesenheit von Kupfer prüfe die durch Cyankalium *entfärbte* Lösung mit Schwefelwasserstoff. (Vergl. Seite 98, 1..)

Zum Filtrat

Bei *Abwesen* *Phosphorsäur*

Koche die Lö nach H_2S

$Fe(OH)_3$, rost
$Mn(OH)_2$, we
(Spu

Nach dem L die überschüs *triumacetat*

Niederschlag

$Fe\begin{matrix}(OH)_2''\\(C_2H_3O_2)'\end{matrix}$

rostbraun,

In verd. Salzsäure gelöst u. mit Ferrocyankalium versetzt, entsteht:

Berlinerblau.

[5] Enthält
Farbe der Lösung

[6] *Phosphor* derselben durch oder Oxalsäure demselben abzus

[7] Der Nie zu vereinigen.

...ationen (Metallionen). **Zweite Tabelle.**

...hlag I, bezw. zur klargebliebenen Lösung füge *Salmiak*, dann ...moniak bis zur *alkal. Reaktion* und hierauf

Schwefelammonium.

(Niederschlag II)

...warz — $Al(OH)_3$ farblos

$Cr(OH)_3$ graugrün

...rötlich — Vergl. [5] unten!

...m[5] behandle den ausgewaschenen Niederschlag II — der weder ...äure enthalten darf[6] — auf dem Filter (S. 49) mit verd. Salzsäure.

Die Lösung

kann enthalten:

...·, $Mn^{\cdot\cdot}$, $Zn^{\cdot\cdot}$, $Al^{\cdot\cdot\cdot}$

...uren von $Ni^{\cdot\cdot}$ u. $Co^{\cdot\cdot}$).

...*t zu viel*) konz. Salpetersäure bis der Geruch ...ı ist und übersättige mit Natronlauge.

...schlag

...alten:

...ler Luft rasch braun.

... und $Co(OH)_2$.)

...ig Salzsäure, stumpfe ...it Soda ab, füge *Na-* ... und *filtriere heiß*.

In Lösung bleiben:

...en von $Ni^{\cdot\cdot}$ u. $Co^{\cdot\cdot}$).

... mit H_2S Wasser.

...Niederschlag ..., CoS, schwarz.

...Zum Filtrat ...wasser u. *Natronlauge*.

...schlag $MnO(OH)_2$, schwarzbraun

... u. Salpeter: blaugrüne

...säure und wenigen Tropfen ...t gelöst und hierauf nach ... PbO_2 gekocht: tiefrot ge... *...nngansäure.*

In Lösung bleiben:

ZnO''_2, AlO''_2.

Teile die Lösung und prüfe:

1. auf **Zink** mit Schwefelwasserstoff.

   Niederschlag **ZnS**, weiß.

2. auf **Aluminium.** Säure die Lösung mit Salzsäure an, füge Salmiak, dann Ammoniak bis zur alkal. Reaktion hinzu u. koche:

   Niederschlag $Al(OH)_3$, farblos, gallertig.

Der Rückstand

kann bestehen aus:

NiS, **CoS** } schwarz.

Bringe ihn durch Abklatschen in eine Porzellanschale, löse in *wenig* Königswasser und dampfe ein. Die Lösung des Rückstandes in wenig Wasser teile und prüfe:

1. auf *Kobalt* mit einer *konz.* Lösung von *Kaliumnitrit* und Essigsäure.

   Niederschlag $K_3[Co(NO_2)_6]$, gelb. (Vergl. S. 79, 6, b.)

2. auf **Nickel**. Füge etwas *Cyankalium* zur Lösung u. erwärme; hierauf versetze mit *Bromwasser* und Natronlauge.

   Niederschlag $Ni(OH)_3$, schwarz. (Vergl. S. 79, 5, a.)

Durch *Schwefelwasserstoff* und *Schwefelammonium* (bei Gegenwart von Salmiak)

werden nicht gefällt:

$Ca^{\cdot\cdot}$	$Mg^{\cdot\cdot}$	$K^{\cdot}$
$Sr^{\cdot\cdot}$		$Na^{\cdot}$
$Ba^{\cdot\cdot}$		$NH_4^{\cdot}$

Versetze das Filtrat von II, bezw. die klar gebliebene Lösung mit *Ammoniumcarbonat* und koche.

Der Niederschlag III

kann enthalten:

$CaCO_3$, $SrCO_3$, $BaCO_3$ } weiß.

Behandle den ausgew. Niederschl. auf dem Filter mit Salzsäure und teile die Lösung in 3 Teile.

Versetze

1. mit *Gipswasser.*
   a) *sofortige* Fällung $BaSO_4$,[8]
   b) Trübung nach einiger Zeit $SrSO_4$,[8]
   c) die Lösung bleibt klar, wenn *nur Kalk* vorhanden ist.
2. mit übersch. verdünnt. Schwefels.; das Filtrat übersättige m. Ammon. u. füge wenig *Oxalsäure* hinzu. *Weiß. Niederschl.* CaC_2O_4.
3. (Bei *Anwesenheit von Barium*) Dampfe zur Trockne u. ziehe den Rückstand mit Alkohol aus. $BaCl_2$ bleibt ungelöst, *bei Gegenw. von Strontium* gibt das Filtrat eine *karminrote* Flamme. Verjage den Alkohol, löse in wenig Wasser und prüfe mit Gipswasser.[9] Siehe auch S. 66.

Von dem **Filtrat** (bezw. der klar gebliebenen Lösung) prüfe:

1. **einen Teil** mit *Natriumphosphat.* Bei Gegenwart von Magnesium fällt: $MgNH_4PO_4$, weiß, *krystallinisch.*
2. *den Rest* auf *Kalium* und *Natrium.* Dampfe die Lösung zur Trockne und glühe schwach.[9] Verflüchtigt sich hierbei der Rückstand *vollständig*, so ist weder *Kalium* noch *Natrium* vorhanden.

Bleibt ein Rückstand,[10] so prüfe denselben in der nichtleuchtenden Flamme.

Färbt sich die Flamme *violett*, so ist nur *Kalium*, *gelb*, so ist *Natrium*

oder ein *Gemenge* beider vorhanden. Beobachte die Flammenfärbung durch ein *Indigprisma* oder *Kobaltglas*. (Vergl. S. 54.)

Die Prüfung auf **Ammoniak** ist *stets*, und zwar mit der *ursprünglichen* Substanz vorzunehmen.

(Vergl. S. 56.)

...ende Körper *Chrom*, das sich durch eine *grüne* Phosphorsalzperle und durch die ...ibt, so ist die Untersuchung des Niederschlags II nach S. 86, 2 auszuführen.

...*äure* verraten sich bei der Vorprüfung; in zweifelhaften Fällen ist die Abwesenheit ... Prüfung *eines Teils* des Niederschlags II festzustellen (S. 85). Sind Phosphorsäure ...d dieselben *vor* der weiteren Untersuchung des Niederschlags II nach S. 86 aus

...it dem Rückstand, der beim Behandeln von Niederschlag II mit Salzsäure blieb,

[8] Die Niederschläge sind in der Flamme des Bunsenbrenners zu prüfen.

[9] Blieb die ursprüngliche Lösung auf Zusatz von Salzsäure, Schwefelwasserstoff, Ammoniak, Schwefelammonium, Ammoniumcarbonat und Natriumphosphat klar, so verwende die ursprüngliche Lösung.

[10] Bei Anwesenheit von Magnesia trenne dieselbe nach S. 52.

I. Übergieße die feste Substanz im Probierglase tropfenweise mit verdünnter Schwefelsäure

und erwärme. Es entwickeln sich

a) *farblose Gase:*

1. **Kohlendioxyd**, unter Aufbrausen, geruchlos, trübt Barytwasser (*Carbonate*).
2. **Essigsäure**, riecht sauer (*Acetate*).
   Beim Erwärmen mit Alkohol u. konz. Schwefelsäure fruchtartiger Geruch nach Essigsäureester.
3. **Schwefeldioxyd** von stechendem Geruch (nach brennendem Schwefel, wirkt reduzierend [II. A, a, 2].) Klare Lösung: *Sulfite* Abscheidung von S: *Thiosulfate.*
4. **Schwefelwasserstoff**, erkennbar am Geruch, schwärzt Bleipapier; wirkt reduzierend (II. A, a, 1). Klare Lösung: *Sulfide*, Abscheidung von S: *Polysulfide.*
5. **Cyanwasserstoff**, Blausäure riecht nach bittern Mandeln, **sehr giftig**. Einfache und komplexe *Cyanide.* Gibt Berlinerblau- und Rhodanreaktion.
   Am mit $AgNO_3$ befeuchteten Glasstab weißer käsiger Niederschl.
6. **Sauerstoff**, geruchlos; ein glimmender Span entzündet sich, aus *Peroxyden* der Alkalien u. alkal. Erden.

b) *gefärbte Gase oder Dämpfe.*

1. **Salpetrige Säure**, braun, oxydiert, HJ (A, b, i) *Nitrite.* Bei Gegenwart von Sulfiten, Ferrosalzen u. and. reduzierenden Körpern auch: *Nitrate.*
2. **Chlor**, grüngelb, bleicht Indiglösung: *Hypochlorite.* Nur bei Gegenwart von oxydierend wirk. Substanzen auch: Chloride.
3. **Brom**, braun, färbt feuchtes Stärkemehl gelb. Nur bei Gegenwart von oxydierend wirk. Subst.: *Bromide* oder von reduzierend wirk. Subst : *Bromate.*
4. **Jod**, violett, die Dämpfe verdichten sich zu stahlgrauen Krist., die sich an der feuchten Glaswand mit brauner Farbe lösen. Nur bei Gegenwart von oxydierend wirk. Subst : *Jodide*, oder von reduzierend wirk. Subst : *Jodate.*

II. Ob oder inwieweit Untersuchung auf Katio zu beachten. Verwend anzustellen sind, die w

A. Füge zu der farblosen mit Salzsäure anges. Lösung tropfenweise **Jodlösung.**

a) Die Jodlösung wird entfärbt:

1. **Schwefelwasserstoff.** Vergl. I, a, 4.
   Heparreaktion.
2. **Schweflige Säure.** Vergl. I, a, 3.
   Heparreaktion.
3. **Thioschwefelsäure.** Mit verdünnter Schwefelsäure: SO_2 und S.
   Heparreaktion.
4. **Arsenige Säure**, wird durch Schwefelwasserstoff als As_2S_3 gefällt.
   Knoblauchgeruch beim Erhitzen auf Kohle.

Anmerkung: Außerdem findet Entfärbung statt bei Gegenw. von *Stannoion.*

Wird die Lösung *nicht* entfärbt, so füge zu einer neuen anges. Probe **Jodkalium.**

b) Die Lösung färbt sich gelbbraun, nach Zusatz von Stärkelösg. blau.

1. **Salpetrige Säure.** Vergl. I, b, 1.
2. **Unterchlorige Säure.** Vergl. I, b, 2.
3. **Chlor-Brom-Jodsäure.** Vergl. I, b, 2, 3 u. 4. Verpuffen auf Kohle.
4. **Arsensäure**, wird durch Schwefelwasserstoff unter Abscheidung von S allmählich reduziert und als As_2S_3 gefällt.
   Knoblauchgeruch beim Erhitzen auf Kohle.

Anmerkung: *Gefärbte* Lösungen, die *Ferricyanwasserstoff*, *Chrom-* oder *Mangansäuren* enthalten, geben Mischfarben. — Lösungen in Wasser können auch *Ferroion* u. and. oxyd. wirkende Kationen enthalten.

III. D

Über die *Art* der Aufschli worden, so geht beim Ausziehen suchen ist (über Silicate vergl. S. 4 *sichtigung der Art der Aufschließu*

tanz in Wasser und Säuren löslich ist, ergibt sich bei der s Ergebnis derselben und die Löslichkeitsverhältnisse sind Reaktionen, die mit gesonderten Teilen der Lösungen ösung oder, wenn die Substanz nicht oder nur teilweise ch ist, den Sodaauszug (S. 118).

ze die mit Salzsäuerte Lösung mit:

umchlorid.

lerschlag:

weiß, amorph; ht durchs Filter. unten!): *Sulfate.*

arreaktion.

, weiß, kristal- *Fluorsilicate.*

beim Erhitzen im en in Fluoride und ertige Abscheidung n Glasstab.

t bzw. die klar Lösung über- t *Natriumacetat.*

derschlag.

, weiß: *Oxalate,* te $KMnO_4$ in sau- ung.

z. Schwefelsäure: CO

veiß: *Fluoride.*

. Schwefelsäure a) im l HF (ätzt Glas); b) im s SiF_4.

, gelb. *Chromate* romate.

Phosphorsalzperle. em entstehen Nieder- Gegenwart von: *Sul- osulfaten* (I, a, 3 und u. 3).

C. Versetze die mit Salpetersäure angesäuerte Lösung mit:

Silbernitrat.

a) Der Niederschlag ist in Ammoniak **leicht** löslich:

1. **AgCl**, weiß: *Chloride.*
   Mit konz. Schwefelsäure HCl.
2. **AgCN**, weiß: *Cyanide.* Vergl. I, a, 5.
3. **AgSCN**, weiß: *Rhodanide.* Die Lösung färbt sich mit $FeCl_3$ blutrot.
   Heparreaktion.
4. **$Ag_3Fe(CN)_6$**, rotbraun: *Ferricyanide.*
   Mit $Fe^{\cdot\cdot}$ blauer Niederschlag.

b) Der Niederschlag ist in Ammoniak schwer od. unlöslich:

1. **AgBr**, gelblichweiß: *Bromide.*
   Mit konz. Schwefelsäure braune Dämpfe.
2. **Ag**, gelb: *Jodide.*
   Mit konz. Schwefelsäure: violette Dämpfe.
3. **$Ag_4Fe(CN)_6$**, weiß: *Ferrocyanide.* Mit $Fe^{\cdot\cdot\cdot}$ blauer, mit $Cu^{\cdot\cdot}$ rotbrauner Niederschlag.
   Verd. Schwefels. entwickelt: HCN, konz. Schwefels.: CO.

D. Sofern die Löslichkeitsverhältnisse und das Ergebnis der Vorprüfung die Gegenwart folgender Säuren nicht ausschließen, stelle

Einzelprüfungen

an auf:

1. **Salpetersäure:** Mit Ferrosulfat u. konz. Schwefelsäure: brauner Ring. Mit Zn u. Natronlauge erwärmt: NH_3.
   Vorprüfung: Verpuffen auf Kohle. Mit konz. Schwefelsäure und $FeSO_4$: braune Dämpfe.
2. **Chlorsäure.** Die nach II, C. klar gebliebene Lösung, bezw. das Filtrat gibt mit schwefliger Säure AgCl.
   Vorprüfung. Verpuffen auf Kohle. Mit konz. Schwefelsäure (Vorsicht!) grünes explosives ClO_2.
3. **Phosphorsäure.** Mit Ammoniummolybdat und Salpetersäure: gelber Niederschlag.
   Vorprüfung. Mit konz. Schwefelsäure: fahle Flammenfärbung.
4. **Borsäure.** Die angesäuerte Lösung färbt Curcumapapier nach dem Trocknen braunrot.
   Vorprüfung. Mit konz. Schwefelsäure: grüne Flammenfärbung.
5. **Essigsäure.** Die neutralisierte Lösung gibt mit Ferrichlorid Rotfärbung, beim Kochen scheidet sich braunes Oxyazetat ab.
   Vorprüfung: I, a. 2.
6. **Weinsäure.** Mit Essigsäure u. Chlorkalium: allmählich kristallin. Ausscheidung von Weinstein.
   Vorprüfung: Verkohlung im Glühröhrchen und mit konz. Schwefels. unter Entwickl. brennb. Gase.

anz ist in Wasser und Säuren unlöslich.

heidet die Vorprüfung. (Vergl. S. 38). Ist die Substanz mit *Soda* aufgeschlossen lze die *Säure* als *Natronsalz* in die wäßrige Lösung, welche nach I zu unter- Körper auf *andere* Weise aufgeschlossen worden, so ist die Säure *unter Berück- Natur der vorhandenen Metalle* zu ermitteln.

FSC www.fsc.org
MIX
Papier | Fördert gute Waldnutzung
FSC® C083411

Zeitfracht Medien GmbH
Ferdinand-Jühlke-Straße 7
99095 Erfurt, Deutschland
produktsicherheit@kolibri360.de